RPB electronic-taschenbücher

Félix Juster

Solar-Zellen

Kennwerte, Schaltungen und Anwendung

Mit 86 Abbildungen und 13 Tabellen
2., neu bearbeitete Auflage

Franzis'

Nr. 130 der RPB electronic-taschenbücher

CIP-Kurztitelaufnahme der Deutschen Bibliothek

Juster, Félix:
Solar-Zellen: Kennwerte, Schaltungen u. Anwendung/Félix Juster. (Übertr. aus d. Franz.: H. W. Günther, Techn. Bearb.: Günther Klasche). 2., neu bearb. Aufl. – München: Franzis, 1984.
  (RPB electronic-taschenbücher; Nr. 130) Einheitssacht.: Les cellules solaires «dt.»
  ISBN 3-7723-1302-7
NE: Klasche, Günther [Bearb.]; GT

Deutsche Ausgabe: © 1984 Franzis-Verlag GmbH, München

Übertragung aus dem Französischen: Dipl.-Ing. H. W. Günther
Technische Bearbeitung: Günther Klasche

© 1978 Editions Techniques et Scientifiques Françaises, Paris
Titel der Originalausgabe: LES CELLULES SOLAIRES

Jeder Nachdruck, auch auszugsweise, und jede Wiedergabe der Abbildungen, auch in verändertem Zustand, sind verboten.
Satz: Grafikteam, München
Druck: Franzis-Druck GmbH, Karlstraße 35, 8000 München 2

ISBN 3-7723-1302-7

Vorwort

Die Sonnenenergie ist an der Tagesordnung. Sie könnte in einiger Zukunft, zusammen mit anderen Quellen, die aus dem Erdöl stammende Energie ersetzen. In diesem Buch findet der Leser alles, was er über Kennwerte, Schaltungen und Einsatz der Sonnenzellen wissen muß.

In weiteren Kapiteln werden nützliche Hinweise über die Schaltung der Zellen, über den Aufbau von Moduln, mit Einzelheiten über die zusammen mit den Zellen zu verwendenden Akkus und Regler gegeben. Ein sehr umfangreiches Kapitel ist den Vorrichtungen zur Verbesserung des Wirkungsgrades der Zellen gewidmet, sowohl durch Konzentration der Sonneneinstrahlung als auch durch Nachfahren entsprechend der Bewegung der Sonne. Das letzte Kapitel bringt einige Beispiele für einfache Schaltungen, die von allen leicht und wirtschaftlich erprobt werden können.

Dieses Buch, das sich sowohl an beruflich interessierte Leser als auch an Hobbyelektroniker wendet, ist allgemeinverständlich geschrieben, ohne jedoch der Genauigkeit der Angaben in den verschiedenen Kapiteln Abbruch zu tun. Zahlreiche Abbildungen vervollständigen den Text.

F. J.

Wichtiger Hinweis

Die in diesem Buch wiedergegebenen Schaltungen und Verfahren werden ohne Rücksicht auf die Patentlage mitgeteilt. Sie sind ausschließlich für Amateur- und Lehrzwecke bestimmt und dürfen nicht gewerblich genutzt werden*).
Alle Schaltungen und technischen Angaben in diesem Buch wurden vom Autor mit größter Sorgfalt erarbeitet bzw. zusammengestellt und unter Einschaltung wirksamer Kontrollmaßnahmen reproduziert. Trotzdem sind Fehler nicht ganz auszuschließen. Der Verlag sieht sich deshalb gezwungen, darauf hinzuweisen, daß er weder eine Garantie noch die juristische Verantwortung oder irgendeine Haftung für Folgen, die auf fehlerhafte Angaben zurückgehen, übernehmen kann. Für die Mitteilung eventueller Fehler sind Autor und Verlag jederzeit dankbar.

---

*) Bei gewerblicher Nutzung ist vorher die Genehmigung des möglichen Lizenzinhabers einzuholen.

Inhalt

1 Allgemeines 7
Einleitung 7
Aufbau der Sonnenzelle 8
Arbeitsweise 10
Energie-Wirkungsgrad 11
Elektrische Kennwerte 11
Kennwerte für den Einsatz 12
Ausrichtung der Sonnenzelle 14
Einfluß der Temperatur und Alterung 16
Schaltung der Zellen 16
Spektrale Zusammensetzung des Sonnenlichtes 17

2 Sonnenenergiemoduln der Firma Photowatt International 19
Allgemeines 19
Allgemeine Hinweise für den Einsatz 19
Kennwerte des BPX 47 CE 21
Zusammenarbeit mit einem Akkumulator 22
Meßergebnisse 23
Rückblick auf die Entwicklung der RTC-Zellen 27
Der Modul BPX 47 A 28

3 Sonnenenergiezellen und -module der Firma France-Photon 35
Einleitung 35
Technologie 41
Spannungs-Strom-Kennlinien 41
Reihenschaltung der Zellen 44
Parallelschaltung der Zellen 47
Akkumuladoren 47
Energieversorgung von Motoren 50
Dimensionierung 51
Wahl der Anzahl der Module 52
Aufstellung der Module 52

4 Regler und Überwachung des Ladezustandes der Akkus 54
Parallelregler 54
Überwachungsgerät für die Batterie 57

5 Akkumulatoren 60
Anpassung der Stromquelle 60
Bleiakkus 62
Laden und Entladen 65
Nickel-Eisen-Akkumulatoren 70
Silber-Zink-Akkumulatoren 71
Verwendung der Akkus 71
Schwimmender Betrieb 72

6 Solargeneratoren und ihre Berechnungen 75
Energie, Leistung, Zeit 76
Die jährliche Energie 76
Elektrizitätsmenge 80
Wirkungsgrad 81
Berechnungsbeispiel für einen Solargenerator 82
Wahl des Akkus 83
Einige praktisch realisierte Anlagen 84
Anwendungsbeispiele im täglichen Leben 85

7 Verbesserung des Wirkungsgrades der Sonnenzellen 90
Beleuchtung und Lichtstrom 92
Empfindlichkeit in Abhängigkeit der Wellenlänge 93
Winkel gegenüber dem Lot auf der Oberfläche 95
Sonnenscheindauer und Bestrahlung 96
Bündelung und Nachfahren 99
Konzentrations- und Nachfahrsystem 101
Nachfahren mit Motorantrieb 103
Anwendungen bei geringer Leistung 104
Prüfung des Reflexionsfaktors 106

8 Kleine Prüfschaltungen für Solarzellen
Einleitung 111
Simulierung der Sonne 112
Prüfung der Spannung und des Stromes 112
Signalformer 115
Verstärker 116
Schaltungen 118

Sachverzeichnis 119

1 Allgemeines

Einleitung

Die Sonnenzellen sind den Amateuren gut bekannt, denn sie wissen, daß sie an Bord der Raumfahrzeuge als „kostenlose" Quelle elektrischer Energie verwendet werden.

Selbstverständlich ist die „kostenlose" Beschaffung dieser von der Sonne gelieferten Primärenergie an Bord der Raumfahrzeuge nicht das ausschlaggebende Argument, sondern die Unmöglichkeit andere Energiequellen wie Trockenbatterien zu erneuern.

Dagegen können Akkus automatisch mit Sonnenzellen nachgeladen werden, und dieser Betrieb kann innerhalb der Grenzen der Lebensdauer der Zellen und der Batterien ausgedehnt werden. Die Sonnenzellen können selbstverständlich elektrische und elektronische Stromkreise versorgen. Es wird Gleichstrom erzeugt, jedoch bietet die Elektronik den interessierten Spezialisten genügend Möglichkeiten, den Gleichstrom in Wechselstrom umzuwandeln. Obwohl die von einer Sonnenzelle gelieferte elektrische Energie sehr gering ist, so kann man doch immer eine Reihen- oder Parallelschaltung bzw. eine kombinierte Reihen- und Parallelschaltung entwerfen, mit der man die Leistung

$$P_T = n \cdot P_C$$

erzielt, mit P_T der gesamten Leistung, P_C der Leistung einer Zelle und n der Anzahl der Zellen.

Bei einer Anordnung von Sonnenzellen kommt es nicht auf den Preis der Primärenergie (des Sonnenlichtes) an, welcher gleich Null ist, sondern auf die Kosten der Zellen und auf die Komplikation, die sich aus deren Anzahl und Zusammenschaltung zu Sonnenbatterien ergibt. Es kann darauf hingewiesen werden, daß die Sonnenzellen durch Lichtquellen aller Art erregt werden können.

Nach den Angaben der Hersteller solcher Zellen ist die Verwendung dieser Halbleiter wirtschaftlich besonders interessant, wenn es darum geht, geringe elektrische Leistungen bereitzustellen. Es handelt sich jedoch dabei um Sonderfälle, auf die später noch eingegangen werden soll, d.h. in denen der Einsatz einer herkömmlichen Stromversorgung unmöglich ist oder besondere Schwierigkeiten vorliegen.

Die Zuverlässigkeit der Sonnenzellen ist sehr groß. Sie sind wartungsfrei. Diese Zellen sind gegenüber den Klimaschwankungen und den Witterungsunbilden unempfindlich, selbstverständlich mit Ausnahme aller Einflüsse, welche die Beaufschlagung durch die Sonnenstrahlen verhindern. Diese Zellen werden von zahlreichen Firmen in Europa (England, Frankreich, BR Deutschland), Japan und USA hergestellt. Ein Beispiel für diese Sonnenzellen ist der von der Firma RTC/Philips entwickelte Typ „Photopile", der einen Durchmesser von 10 cm und mehr hat.

Der ältere Typ BPY 15 erreichte einen Durchmesser von 19 mm und eine Stärke von 0,25 mm. Zugunsten von leistungsfähigeren Typen wird dieses Modell heute nicht mehr hergestellt.

Die gegenwärtig hergestellten Zellen werden zu Modulen zusammengefaßt, wie dies im nachstehenden Kapitel gezeigt wird.

Als Halbleiter gesehen sind die Sonnenzellen Siliziumdioden mit einer großflächigen, diffundierten Sperrschicht, deren fotovoltaischer Effekt zur Umwandlung der Lichtenergie in elektrische Energie verwendet wird.

Aufbau der Sonnenzellen der Firma Photowatt

Die nachstehend wiedergebende Darstellung stammt von der französischen Firma Photowatt und hat Gültigkeit für alle gegenwärtigen Siliziumzellen (s.Kap. 2).

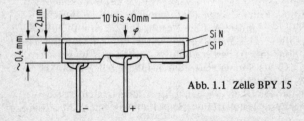

Abb. 1.1 Zelle BPY 15

Die Firma RTC hat inzwischen die Herstellung von photovoltaischen Zellen eingestellt und diesen Produktionszweig an die Firma Photowatt International abgegeben, die damit die Nachfolge von RTC übernimmt.

Die Sonnenzelle besteht aus einer Platte monokristallinen, dotierten Siliziums, im allgemeinen vom Typ P, die auf einer Seite mit einer dünnen Schicht Silizium entgegengesetzter Leitfähigkeit, also des Typs N, überzogen ist, wenn die Unterlage die Leitfähigkeit des Typs P besitzt. Diese beiden Schichten P und N bilden eine Sperrschicht, die sich so nah wie möglich an der Oberfläche befinden muß, um eine gute Ausnutzung der Energie zu erzielen. Die Schicht vom Typ N auf der Unterlage P ist also sehr dünn, un wird dem Licht ausgesetzt. Innerhalb einiger weniger Jahre wurde die Entwicklung mit großen Schritten vorangetrieben. Diese Entwicklung brachte es mit sich, daß man damit begonnen hat, polykristallines Silizium zu verwenden, das zwar im Vergleich zu monokristallinem Silizium keinen technischen Vorteil aufweist, dafür aber ein gewichtiges Plus durch niedrigere Herstellungskosten bietet. Es besteht kein Zweifel daran, daß im Bereich der Solarzellentechnik die Zukunft dem polykristallinem Silizium gehört.

Es besteht daneben die Möglichkeit einer Verwendung von „amorphem" Silizium, jedoch verbietet die zu geringe Lebensdauer dieses Materials (einige Jahre) seine Verwendung an professionellen Bereichen.

Die Zelle wird durch *ohmsche*, d.h. *sperrschichtfreie Anschlußkontakte* an den beiden Schichten P und N ergänzt; diese Kontakte haben einen sehr geringen spezifischen Widerstand, um den Spannungsabfall klein zu halten, wenn die Zelle Strom abgibt.

Es werden runde und rechteckige Zellen hergestellt; die letzteren vor allem für Anwendungen, bei denen die verfügbare Oberfläche beschränkt ist (z.B. bei den Raumsatelliten). Man kann in der Tat die rechteckigen Zellen so anordnen, daß dazwischen kein Platz verloren geht, was bei runden Zellen unmöglich ist. Die runden Zellen werden dann eingesetzt, insbesondere bei terrestrischen Anlagen, wenn die verfügbare Oberfläche nicht so kritisch ist. Darüber hinaus sind sie wirtschaftlicher als die rechteckigen Zellen.

Die Zellen bestehen aus einer mit Bor dotierten, monokristallinen Siliziumplatte des Typs P mit niedrigem spezifischen

Widerstand. Nach den üblichen Arbeitsgängen des Polierens, des Planens und des Ätzens nimmt man eine Diffusion gasförmigen Phosphors vor, um eine Schicht des Typs N aufzudampfen, so daß eine großflächige Diode mit einer PN-Sperrschicht entsteht. Nachdem die Diffusion auf der ganzen Platte vorgenommen worden ist, muß ein Teil der Innenfläche abgeätzt werden, um die N-Schicht an der Stelle freizulegen, an der der ohmsche Kontakt angeschlossen wird, der den positiven Anschluß in der Mitte der Zelle darstellt.

Der negative Anschluß der Zelle besteht aus einem ringförmigen Kontakt, der am Rand der Platte auf dem nicht abgeätzten Teil der N-Schicht angebracht ist (siehe Abb. 1.1).

Arbeitsweise

Bei Beleuchtung der Sonnenzelle wird ein Teil der auftreffenden Photonen zurückgeworfen (verlorene Energie), während der andere energiereichere Teil in den Kristall eindringt.

Diese Photonen, die eine ausreichende Energie aufweisen, erzeugen freie Elektronen und gleichzeitig sogenannte „Löcher". Die freigesetzten Ladungsträger bewegen sich im Kristall durch Diffusion oder unter dem Einfluß eines elektrischen Feldes. Die Elektronen und die Löcher können sich auf ihrem Wege im Kristall wieder verbinden; wenn aber eine minoritäre Ladung (Elektron in der Zone P, „Loch" in der Zone N) die Grenze des Energiebandes erreicht, so wird sie durch das elektrische Feld des Bandes angezogen und dringt in die Zone ein, in welcher die Träger desselben Vorzeichens die Mehrheit darstellen. Weiterhin hält das Feld des Energiebandes die Majoritäts-Ladungsträger in der Region zurück, in der sie freigesetzt worden sind. Unabhängig von der Region, in der das Photon absorbiert und die Ladungsträger freigesetzt werden, führt der fotoelektrische Effekt zur Entstehung eines elektrischen Stromes von der Region N nach der Region P (siehe *Abb. 1.2*).

Alle Minoritäts-Ladungsträger erreichen das Energieband nicht; es liegt aber eine hohe Wahrscheinlichkeit vor, daß ein Großteil bis in dieses Band gelangt. Der meßbare fotovoltaische Strom nimmt einen gewissen Wert I an, welcher dieser Wahrscheinlichkeit proportional ist.

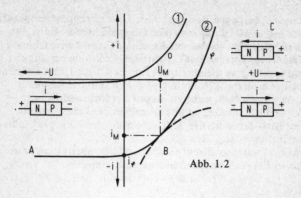

Abb. 1.2

Der Potentialunterschied bei offenem Stromkreis (wenn die Zelle keinen Strom abgibt), macht etwa 0,5 V aus. Bei geschlossenem Kreis fließt der Strom von der Klemme P durch die Last außerhalb der Zelle zur Klemme N.

Der Energie-Wirkungsgrad

Für eine gegebene Zelle ist der Energie-Wirkungsgrad von der Spektralverteilung der Photonen abhängig; in anderen Worten, die Zelle gibt für gewisse Lichtstrahlungen mehr elektrische Energie ab als für andere. Die gelieferte elektrische Leistung hängt also von der Wellenlänge des einstrahlenden Lichtes ab. Dies ist auch interessant, wenn das Sonnenlicht durch eine andere Lichtquelle ersetzt wird.

Elektrische Kennwerte

Eine Sonnenzelle ist eine Diode mit einer besonderen Struktur; sie kann jedoch in elektrischer Hinsicht mit den gängigen Siliziumdioden verglichen werden. Abb. 1.2 zeigt die Kennlinien einer Sonnenzelle in direkter und in Gegenrichtung. Die Kurve „1" ist die in der Dunkelheit aufgenommene Kurve, sie gleicht durchaus derjenigen einer gewöhnlichen Diode. Die Kurve „2" ist unter einer gegebenen Beleuchtungsstärke aufgenommen; sie geht aus der Kurve „1" durch eine Verschiebung hervor. Es ist dies der herkömmliche Verlauf der Kennlinie für eine beleuchtete Fotodiode. Im Quadranten C sieht man die Diode bei direkter Polung einmal in der Dunkelheit (Kurve „1") und zum anderen beleuchtet (Kurve „2"). Im letzteren Fall geht die Kennlinie nicht durch den Nullpunkt, da wegen des fotoelektrischen Effektes eine Spannung an den Klemmen der Zelle vorhanden ist. Der herkömmliche Knick der üblichen Kennlinie für Dioden ist also unterdrückt.

Im Quadranten A gibt die Kurve „1" den Sperrstrom in der Dunkelheit in Abhängigkeit der Sperrspannung an: Die Kurve „2" zeigt diesen Strom für den beleuchteten Zustand; die Zelle arbeitet dann als Fotodiode.

Im Quadranten B arbeitet die Diode als Energieerzeuger. Dieser Teil der Kennlinie ist der normale Arbeitsbereich der Sonnenzellen. Die gelieferte elektrische Leistung I x U erreicht ein Maximum für gewisse Werte von I und U, und zwar I_M und U_M entsprechend der gegebenen Einstrahlung φ (Lichtfluß) bzw. einem optimalen Wert für den Lastwiderstand $R_M = U_M/I_M$. Praktisch können die Sonnenzellen nur schwer außerhalb des Gebietes B arbeiten, und zwar wegen ihres Aufbaues. Ein Grund ist vor allem die relativ niedrige Sperrspannung, so daß es nicht nur unmöglich ist, sie als Fotodiode zu verwenden, sondern im allgemeinen muß zusätzlich eine Schutzdiode in Reihe vorgesehen werden, um Beschädigungen durch eine zu hohe Sperrspannung zu vermeiden.

Kennwerte für den Einsatz

Für den praktischen Einsatz der Sonnenzellen müssen die sechs nachstehend aufgeführten Besonderheiten berücksichtigt werden:

1. Kurzschlußstrom I_K. Es ist dies der Strom, der bei einer gegebenen Beleuchtung von der kurzgeschlossenen Zelle abgegeben wird.

2. Leerlaufspannung U_0. Es ist dies der Potentialunterschied zwischen den Klemmen der Zelle, wenn keinerlei Stromabgabe erfolgt, und diese für eine gegebene Ausleuchtung und eine bestimmte Temperatur.

3. Maximale Stromstärke I_M. Es ist dies der Strom, der von der Zelle im optimalen Betriebspunkt auf eine Last R_M opti-

malen Wertes abgegeben wird, die so gewählt ist, daß die elektrische Leistung ein Maximum erreicht.

4. Maximale Spannung U_M. Es ist dies die Spannung, die I_M, R_M und der maximalen Leistung P_M entspricht (in Abb. 1.2 sind I_M und U_M angegeben).

5. Der Wirkungsgrad η, der zwischen ca. 5 und 14 % liegt[1]. Es ist dies das Verhältnis zwischen der einfallenden Lichtenergie und der abgegebenen elektrischen Energie.

6. Der Grenzwert der Betriebstemperatur: ca. 100 °C.

Abb. 1.3 zeigt die Spannungs-Strom-Kennlinien für eine Sonnenzelle in Abhängigkeit der Temperatur, für eine gegebene Beleuchtungsstärke. In diesem Falle ist die Energie des Lichtflusses vorgegeben, sie macht 70 mW pro cm^2 aus. Anhand dieser Kennlinien ist es möglich, den optimalen Betriebspunkt und die optimalen Werte für U, I und R festzulegen. In diesem Falle beträgt R_M etwa 6 Ω.

Die elektrischen Kennwerte der Sonnenzellen verändern sich selbstverständlich mit der Beleuchtungsstärke. Da das Sonnenlicht in Meereshöhe wegen der atmosphärischen Schwankungen und der Diesigkeit der Luft sehr veränderlich ist, werden die Messungen an den Sonnenzellen im Labor mit einer Nachbildung der Sonne durchgeführt. Es handelt sich um eine *Wolframlampe geeigneter Leistung,* deren Wendel eine Temperatur von 2850 K aufweist und die mit einem Filter versehen ist, so daß man eine Spektralverteilung entsprechend derjenigen des Sonnenlichtes in Meereshöhe (5750 K) erreicht.

Die in der Meßebene auftreffende Bestrahlungsstärke kann 1 kW/m^2 oder $1{,}09 \cdot 10^5$ Lux erreichen. Man verändert die Beleuchtungsstärke dadurch, daß man die Zelle von der Lichtquelle weg bewegt. Die Messungen für die zu veröffentlichenden Werte erfolgen bei einer Umgebungstemperatur von 25 °C.

Die Kurven der *Abb. 1.4* und *1.5* zeigen die Veränderungen des Stromes und der Spannung einer Sonnenzelle in Abhängigkeit der Beleuchtungsstärke. In Abb. 1.4 sieht man, daß die Spannung nur wenig von der Beleuchtungsstärke abhängt; praktisch verändert sich U_0 nur von 525 mV auf 535 mV für eine Schwan-

---

[1] Die theoretische Grenze des Wirkungsgrades liegt bei 16%. Die jüngsten technologischen Fortschritte haben bereits eine Anhebung des Wirkungsgrades von 10,5 auf 13% ermöglicht.

kung der Beleuchtungsstärke von 0,3 auf 1 kW/m²; U_M ist in diesem Bereich der Beleuchtungsstärke praktisch unveränderlich.

Ausrichtung der Sonnenzelle

Man erhält die maximale Leistung, wenn die Lichtstrahlen senkrecht auf die Oberfläche der Zelle einfallen.

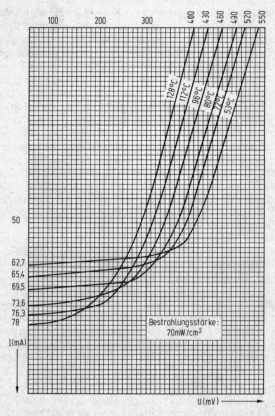

Abb. 1.3 Beleuchtungsstärke: $70 \text{ mW} \cdot \text{cm}^{-2}$

Falls die Strahlen unter einem Winkel φ schräg zur Normalen auf der Zelle einfallen, so errechnet sich die aktive Oberfläche zu

$$S_A = S \cdot \cos\varphi.$$

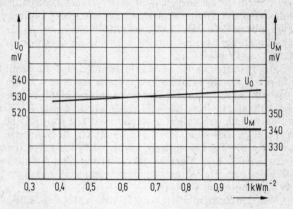

Abb. 1.4 Veränderung von U_0, U_M in Abhängigkeit der Beleuchtungsstärke

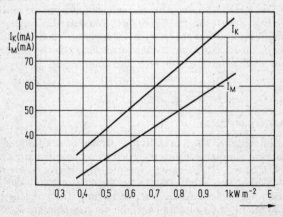

Abb. 1.5 Veränderung von I_K, I_M in Abhängigkeit der Beleuchtungsstärke

Einfluß der Temperatur und der Alterung

Dieser Einfluß ist in Abb. 1.3 herausgestellt, die sechs verschiedene Kurven, mit der Temperatur als Parameter, enthält. Bei der Durchsicht dieser Kurven stellt man fest, daß die Spannung U mit steigender Temperatur abnimmt, während I zunimmt, die abgegebene elektrische Leistung jedoch abnimmt, da U schneller abfällt, als der Strom I zunimmt. Die Spannungsänderung macht etwa – 2 mV pro °C aus.

Die Erwärmung der Zelle geht zum Teil auf die Erhöhung der Umgebungstemperatur zurück, ist aber vor allem der Sonneneinstrahlung zuzuschreiben. Um einen guten Energie-Wirkungsgrad aufrecht zu erhalten, hat man ein Interesse daran, die Wärme abzuführen, d.h. die Zellen zu kühlen, was mit Rippenkühlern erreicht werden kann. Es ist auch möglich, die Sonnenzelle in ein durchsichtiges Kunstharz wie Araldit oder Polyester einzubetten, das bei niedriger Temperatur, und ohne Verspannungen, polymerisiert. Das Kunstharz dient dann gleichzeitig als Schutz, als Halterung und als Kühler.

Was den Zeiteinfluß angeht, so haben Messungen über 3000 Betriebsstunden gezeigt, daß die Kennwerte I_K, U_0, I_M, U_M sich nur wenig verändern und daß man praktisch kein fühlbares Altern nachweisen kann.

Wie sich leicht ausrechnen läßt, entsprechen 3000 Stunden 125 Tagen zu 24 Stunden. Es handelt sich hier um eine interessante Eigenschaft für den Einsatz der Sonnenzellen für gewisse Anwendungen. Die Lebensdauer der augenblicklichen Sonnenzellen kann 20 Jahre und darüber erreichen. Manche Hersteller geben bereits eine Garantie über fünf Jahre.

Schaltung der Zellen

Die Sonnenzellen können in Reihe, parallel oder kombiniert in Reihe und parallel geschaltet werden. Die Gesamtleistung ist immer gleich n · P. Sie kann etwas niedriger liegen, wegen der Einschaltung von Schutzelektroden in den Stromkreis der Zellenanordnungen. Die Zellen können in Form von Sonnenenergiemodulen (*Abb. 1.6*) zusammengefaßt werden. Mehrere Moduln bilden ein Kollektorfeld. Eine größere Solarenergieanlage kann ein oder mehrere Kollektorfelder umfassen.

Abb. 1.6 Für sein neuestes Solarpanel verwendet Siemens vierzöllige Siliziumscheiben. 36 solcher Solarzellen können jetzt 33 W liefern, wenn die Sonne im Zenit steht. Dieses Panel (SFH 140-36) wiegt 9,2 kg und bedeckt eine Fläche von knapp einem halben Quadratmeter. Netzferne Bewässerungsanlagen, Wochenendhäuser, Berghütten, Expeditionen und Segelboote lassen sich ebenso stromversorgen wie Sender, Empfänger, Funkfeuer und andere Navigationshilfen für Land-, Luft- und Seeverkehr. In der wetterfesten Ausführung gibt es auch zwei kleinere Panele mit 18 W und 20 W

Mit diesen Sonnenenergiekollektoren sind einzusetzen:

a) Spannungsregler
b) Akkumulatoren
c) Wandler
d) optische oder mechanische Vorrichtungen, um den Wirkungsgrad der Zellen zu verbessern (siehe die folgenden Kapitel).

Spektrale Zusammensetzung des Sonnenlichtes

In *Abb. 1.7* sind spektrale Zusammensetzungen des Sonnenlichts angegeben, wie sie von verschiedenen Verfassern veröffentlicht worden sind.

Kurve a) außerhalb der Atmosphäre, nach Vassy
Kurve b) nach Durchtreten der Atmosphäre (diffuse Strahlung und Absorption) − (Ozon und 1 cm kondensierbares Wasser), nach Vassy

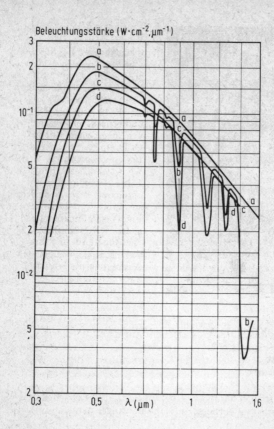

Abb. 1.7

Kurve c) gleiche Bedingungen wie unter b, nach Villena
Kurve d) nach Durchtreten der Atmosphäre, unter einer Zenitdistanz von 60°, nach Moon.
Kurve e) Strahlung des schwarzen Körpers, bei 5760 K, die eine gesamte Beleuchtungsstärke von 1 kW/m² ergibt.
Man kann feststellen, daß die Kurve nicht die Absorptionslinien für Wasserdampf aufweist, die man normalerweise im infraroten Bereich findet (Kurven b und d).

2 Sonnenenergiemoduln der Firma Photowatt International

Allgemeines

Die Sonnenenergie kostet nichts, deren Verwendung bietet jedoch gewisse Nachteile, von denen die wichtigsten nachstehend herausgestellt werden sollen:
 1. Die auf unserer Erde ankommende Strahlungsenergie ist gering, abgesehen von den Gegenden zwischen den beiden Wendekreisen und in deren Nähe.
 2. Nachts bzw. bei bedecktem Himmel scheint die Sonne nicht bzw. werden die Sonnenstrahlen fast vollständig geschwächt.
 3. Die Umwandlung der Sonnenenergie in elektrische Energie ist noch kostspielig.

Wie dem auch sei, so bietet doch die Elektronik den Betreibern gute Möglichkeiten für die Umsetzung der Sonnenenergie in elektrische Energie, und zwar mit Hilfe einer Pufferbatterie. Die Sonnenzellen geben einen elektrischen Strom ab, der für die unmittelbare Versorgung von elektrisch gespeisten Geräten oder zum Aufladen von Akkus verwendet werden kann, die dann ihrerseits die Geräte während der sonnenlosen Zeiten mit Strom versorgen. In zahlreichen Fällen spielt die Stromabgabe keine Rolle; dies gilt für die meisten elektronischen Geräte geringer Leistung und sogar für kleines elektrisches Haushaltgerät.

Dagegen werden die Kosten der aus Sonnenzellen gewonnenen elektrischen Energie schnell untragbar, wenn es sich um größere Geräte oder Anlagen handelt. Diese Methode schließt jedoch noch Verbesserungsmöglichkeiten für die Zukunft ein, in Richtung eines höheren Wirkungsgrades und niedrigerer Gestehungskosten für die Zellen und die Akkus.

Allgemeine Hinweise für den Einsatz von Stromversorgungen durch Sonnenenergie

Wie bereits kurz erwähnt, können die Sonnenzellen einen elektrischen Strom abgeben, der einerseits von der Sonneneinstrahlung und/oder andererseits von anderen Strahlungsquellen herrührt; jedoch verdient, von Ausnahmen abgesehen, die Sonne als Energiequelle das größte Interesse.

Die Sonnenzellen werden so zusammengefaßt, daß sie eine Gleichstromleistung $P = U \cdot I$ abgeben. Als *Sonnenenergiemoduln* können sie vom Betreiber als ein komplexer Baustein angesehen werden, der größere Abmessungen annehmen kann. So hat z.B. das Sonnenenergiemodul Typ BPX 47 CE von Photowatt eine Größe von 1055x428 mm bei einer Stärke von 47 mm und einem Gewicht von 9,5 kg, das weit über dem Gewicht von 1g eines Halbleiters liegt (s. Abb.2.1).

Ein Modul dieser Art kann in elektrischer Hinsicht als ein Baustein mit zwei Ausgängen angesehen werden, der eine Spannung bei einer gewissen Stromstärke abgibt. Einer der Ausgänge ist der Plus- und der andere der Minus-Pol. Sie können so geschaltet werden, wie es bei Akkumulatoren üblich ist (siehe *Abb. 2.2*).

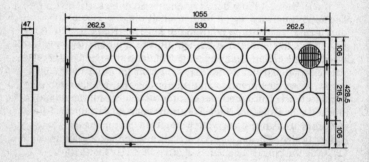

Verteilung der Anschlüsse

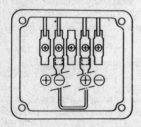

Abb. 2.1

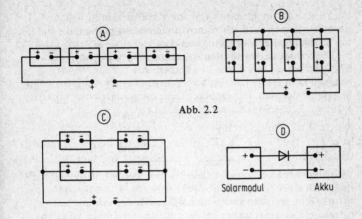

Abb. 2.2

Die Spannung wird durch Reihenschaltung, die Stromstärke durch Parallelschaltung erhöht. Die Leistung kann auch durch verschiedene kombinierte Reihen- und Parallelschaltungen erhöht werden. Die Gesamtleistung ist gleich der Summe der Leistung der verwendeten Bausteine. Falls ein einziger Modul nicht ausreicht, kann man mehrere zusammenschalten, bis man die gewünschte Leistung mit der erforderlichen Spannung und Stromstärke erreicht. In der *Abb. 2.2* findet man ein Beispiel für die Zusammenschaltung von vier Bausteinen:

(A) = Reihenschaltung
(B) = Parallelschaltung
(C) = kombinierte Reihen- und Parallelschaltung.

Die Kennwerte des BPX 47 CE

Dieser Modul, dessen Abmessungen bereits weiter oben angegeben wurden umfaßt 36 Silizium-Sonnenzellen mit einem Durchmesser von je 100 mm. Diese Zellen sind in Reihe geschaltet, und somit entspricht die Spannung des Moduls 36mal derjenigen einer einzelnen Zelle. Der angegebene Strom hat dabei die selbe Stärke.

Für eine Beleuchtungsstärke von 1 kW/m² am Boden, bei einer Temperatur von 25ºC, erhält man somit eine Leistung von 11 W und eine Spannnng von 35 Wcr bei einer Stromstärke von 2,16 A (Richtwerte). Die genaueren Werte des Moduls BPX 47 CE sind in Tabelle I zu finden.

In dieser Tabelle bedeuten P_L die maximale Leistung, U_L die maximale Spannung, I_L die maximale Stromstärke, U_0 die Leerlaufspannung (an die Ausgänge ist nichts angeschlossen), I_K der Kurzschlußstrom. Bei einer Beleuchtungsstärke von 1 kW/m² ist ein Abstand von 15 K (Kelvin) zwischen der Temperatur der Zelle und der Umgebungstemperatur vorausgesetzt worden. Die Betriebstemperatur liegt zwischen – 40 und + 85 °C, was für die meisten Regionen ausreichend ist, in denen man ein Interesse daran haben kann, ein kleineres oder größeres Kraftwerk mit Sonnenbatterien dieser Art zu errichten, z.B. für einen Sender an einer sehr abgelegenen Stelle.

Zusammenarbeit mit einem Akkumulator

Das Modul BPX 47 CE arbeitet nach Kennwerten, die für eine Beleuchtungsstärke E und eine Spannung U_L (maximale Spannung) festgelegt sind. Die Beleuchtungsstärke z.B. beträgt

$E = 1 \text{ kW/m}^2$

Tabelle 1

Richtwerte bei 1 kW/m², AM 1,5				
Sperrschichttemperatur (T_j)	(ºC)	25	45	60
Batterie-Nennspannung	(V)		12	
maximale Leistung (P_L)	(W)	35	32,7	31
Spannung bei P_L	(V)	17	15,2	14,3
Stromstärke bei P_L-I_L (maximale Stromstärke)	(A)	2,06	2,15	2,17
Kurzschlußstrom (I_K)	(A)	2,3	2,33	2,35
Leerlaufspannung (U_O)	(V)	21,2	19,7	18,7
NOCT (0,8 kW/m², 20ºC 1 m/s)	(ºC)		35	

(Werte mit einer Abweichung von ± 12,5%)

während U_L gleich der Spannung der Akkubatterie, d.h. 12V als Nennwert, ist.

In Wirklichkeit hat eine Bleibatterie am Ende des Aufladens eine Spannung von 2,25 V pro Element, was 13,5 V für die 6 Elemente ausmacht. Der Spannungsabfall U_L an den Klemmen der Schutzdiode beträgt 1,1 V (siehe *Abb. 2.2d*). Man hat dann insgesamt

$$U_L = 14,3 \text{ V}$$

Der Sonnenenergiemodul muß also die Stromstärke I liefern, die für die unmittelbare Versorgung des Stromverbrauchers benötigt wird. Bei der Durchsicht der allgemeinen Kennwerte (siehe Tabelle 1) stellt man fest, daß der Modul die Spannung U erreicht und bei gewissen Temperaturen sogar übersteigt. Es muß also das Verhalten des Moduls in Abhängigkeit seiner Temperatur untersucht werden.

Das Modul BPX 47 CE ist in eine durchsichtige Kapsel eingebaut, so daß es sich unter der Einwirkung der Sonnenstrahlung nur wenig erwärmt. Bei einer Beleuchtungsstärke von 1 kW/m^2 und einer Funktionstemperatur $T_j = 25°C$ ($T_j max = 100°C$), haben die Einsatzbedingungen des Moduls folgendes Aussehen:

P_L = 35W
U_L = 17V
I_L = 2,06A

Einige Ergebnisse der Messungen am Sonnenenergiemodul

Die *Abb. 2.3* gibt zunächst den Verlauf der Stromstärke I_L in Abhängigkeit von U_L bei den Temperaturen 0 °C, 25 °C und 60 °C an.

Dieselbe Abbildung zeigt eine weitere Kurvenschar, wobei die Leistung P in Watt und der Wirkungsgrad η in Prozent angegeben sind. Die Kurven $I_L = f(U_L)$ sind für eine Beleuchtungsstärke von 1 kW/m^2 aufgestellt worden. Es kann festgehalten werden, daß I_L im Spannungsbereich von 0 bis ca. 18, 20, 22 V (je nach

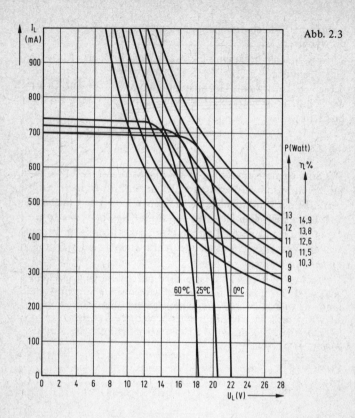
Abb. 2.3

Temperatur) konstant ist und dann bei höheren Werten von U_L abnimmt. Was die Leistungen angeht, so sind folgende Werte (in Watt) gemessen worden: 13, 12, 11, 10, 9, 8, 7. Die Wirkungsgrade liegen zwischen 14,9 % und 10,3 %. Aus den Kurven der *Abb. 2.4* kann man den Verlauf von I_L in Abhängigkeit von U_L für drei Beleuchtungsstärken ermitteln:

$E = 1 \text{ kW/m}^2$
$E = 800 \text{ W/m}^2$
$E = 500 \text{ W/m}^2$

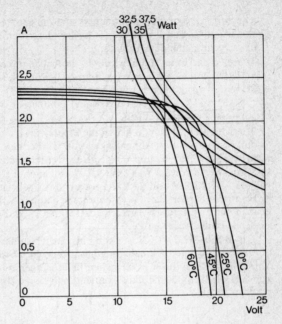

Abb. 2.4

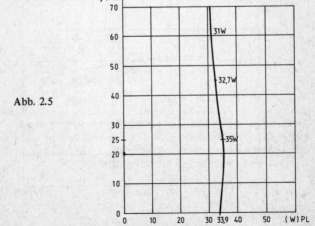

Abb. 2.5

Die anderen Kurven (oben rechts) sind die geometrischen Orte der Leistungen P = 20 bis 35 W, d.h. derselben Werte wie auf der vorhergehenden Abbildung.

Die *Abb. 2.5* zeigt die Leistung P_L in Abhängigkeit der Temperatur T_j bei einer konstanten Spannung U_L von 14,3 V. Der Wert der Leistung P_L erreicht sein Maximum von 35 W bei T_j = 25 °C. Bei 60 °C beträgt die Leistung P_L nur noch 31 W und bei 0 °C ist P_L gleich 9,85 W.

Die Kurven in *Abb. 2.6* geben die Stromstärke einer Standard-Solarzelle in Abhängigkeit von U_L bei den Temperaturen T_j 0°C, 25°C, und 60°C an. Es werden mehrere Leistungswerte von 12 W, 11 W, 9,7 W und auch die Spannungen von 18,2 V, 20,5 V und 22,2 V angegeben. Es geht aus der Kurvenform hervor, daß P_L einen unterschiedlichen Höchstwert, je nach dem Wert von T_j, erreicht. Je kleiner T_j ist, desto größer ist der Maximalwert von P_L.

Das Modul BPX 47 CE ist auch hinsichtlich seines Verhaltens unter verschiedenen Klimabedingungen erprobt worden. Diese Versuche wurden unter praxisnahen Bedingungen durchgeführt. Für die Schaltung des Moduls können noch einige Hinweise gegeben werden:

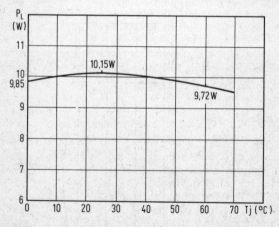

Abb. 2.6

Bei zahlreichen Anwendungen braucht man unterschiedliche Werte von I_L und U_L, so daß Kombinationen, wie in *Abb. 2.2* gezeigt, erforderlich sind. Für jeden Einzelfall ist die günstigste Zusammenschaltung zu wählen. Es gibt in der Tat mehrere Möglichkeiten, kombinierte Reihenparallelschaltungen vorzunehmen.

In thermischer Hinsicht ist es empfehlenswert, die Module vom Typ BPX 47 CE so auf ihre Halterung aufzubauen, daß die maximal zulässige Temperatur von $100^{\circ}C$ an keiner Stelle überschritten wird. Es ist also ein Abstand von 50 cm für die Belüftung hinter den Moduln einzuhalten.

Was die Festigkeit angeht, so kann man die Modulun auf alle Unterlagen montieren, die gegenüber dem Aluminiumrahmen des Moduls, der aus A–GS ist, kein galvanisches Element bilden. Es werden folgende Werkstoffe empfohlen: ein passendes Leichtmetall oder ein verzinkter Stahl. Die Befestigung des Moduls vom Typ BPX 47 CE erfolgt auf Aluminiumprofilen; der Schaltkasten befindet sich oben. Das Schema des Schaltkastens wird in Abb. 2.1 unten wiedergegeben.

Als Beispiel für den Einsatz von Sonnenenergiemodulun kann eine Fernseh-Relaisstation genannt werden, die in Nigeria errichtet worden ist, um die Stadt Tillabery an der Grenze einer vom Hauptsender erfaßten Zone zu bedienen. Ein Sonnenenergiegenerator mit einer Leistung von 132 W versorgt diese Anlage, die wöchentlich 2175 Wh verbraucht. Die Energie wird von 12 Modulun mit Sonnenzellen des Typs BPX 47 A geliefert. Die Kapazität der Akkubatterie beträgt 80 Ah.

Die Konstruktion und der Bau dieser Relaisstation sind von Télédiffusion de France, Télévision des Nigeria und Niger Electronique durchgeführt worden.

Rückblick auf die Entwicklung der Sonnenzellen (nach der Firmenzeitschrift „RTC Actualites", Nr. 41)

Der fotovoltaische Sonnenenergiegenerator mit Solarzellen stellt keineswegs eine Neuheit dar. Er ist über 20 Jahre alt. Die ersten Weltraumsatelliten waren damit ausgerüstet, um hinsichtlich der Energie autark zu sein.

Die Möglichkeit, sie in wirtschaftlicher Weise auf dem Erdboden einzusetzen, hat zu dem größeren Interesse geführt, das man nunmehr für diese Sonnenzellen feststellt.

Bereits im Jahr 1958 ist von RTC die erste Generation von Modul (0,65 W – 3 V – Zellen von 19 mm Durchmesser) entwickelt worden; diese Entwicklung hat im Jahre 1960 zur Aufstellung eines fotovoltaischen Sonnenenergiegenerators von 88 Watt in Chile geführt, der immer noch in Betrieb ist.

Im Jahre 1968 ist die größte weltweit betriebene Station in Frankreich von den technischen Behörden der Luftnavigation aufgestellt worden, um die Stromversorgung einer Funkbake sicherzustellen. Der Sonnenenergiegenerator besteht aus Modul des Typs BPY 40-30 (2,5 W – 12 V – Zellendurchmesser 30 mm), welche die zweite Generation der von RTC im Jahre 1965 entwickelten Sonnenenergiemoduln darstellten. Zwischen 1970 und 1975 sind zahlreiche Anlagen errichtet worden: Sie enthielten Sonnenenergiemodul der dritten Generation, vom Typ BPX 47 (8 W – 12/24 V – Zellendurchmesser 40 mm), die von RTC im Jahre 1970 auf den Markt gebracht worden sind. Diese Modul haben sehr dazu beigetragen, die Anwendungen der Sonnenenergie in einer Zeit glaubhaft zu machen, in der sich nur einige Vorläufer mit den sich hier bietenden Möglichkeiten befaßt haben. In diesem Zusammenhang sind Sonnenenergiegeneratoren aufgestellt worden:

- für das Schulfernsehen in Nigeria
- für die Baken des Flughafens Médine
- für die Fernseh-Relaisstation in Peru.

Der Modul BPX 47 A

Die Energieprobleme des Jahres 1973 haben die Möglichkeiten der Sonnenenergie, d.h. die praktische Nutzung der fotovoltaischen Wandlung der Sonnenenergie, wieder in den Vordergrund gestellt. Damals sind in Amerika große Vorhaben gestartet worden, um eine amerikanische Industrie für Sonnenzellen speziell für terrestrischen Einsatz zu schaffen.

Auf Grund der erworbenen industriellen Erfahrung, und auch der praktischen Erfahrungen bei der Anwendung, hat RTC damals die Entwicklung seiner vierten Generation von Sonnenenergiemoduln des Typs BPX 47 A (11 W – 12 V – Zellendurchmesser 57 mm) in Angriff genommen, die in der Mitte des Jahres 1975 auf den Markt gekommen sind.

Dieser Modul ist mit dem Ziel entwickelt worden, den Preis pro Watt herabzusetzen, ohne jedoch die wichtigen Punkte der einmal erreichten Zuverlässigkeit in Frage zu stellen. Zu diesem Zweck ist die Wahl schon 1974 auf die doppelte Glaskapselung gefallen, die nunmehr von den Experten als für diese Art Einsätze zweckmäßig anerkannt ist, da sie zu einer geringeren Erwärmung der Zellen führt und ein einfaches Abwaschen der der Sonnenstrahlung ausgesetzten Seite ermöglicht, bei einer ausgezeichneten Beständigkeit gegenüber den verschiedenen atmosphärischen Einflüssen.

Auf Grund der technischen Kenntnisse sowie der Haltbarkeit der Moduln BPX 47 A bei den verschiedenen Versuchen mit Zeitraffung ist es möglich, diese für 5 Jahre zu garantieren. Gleichzeitig rechtfertigte der Marktbedarf für 1978 eine Fertigung von über 500 000 Zellen, so daß der Preis pro Watt um 25 bis 30 % gesenkt werden konnte.

Die seit 1975 mit dem Modul BPX 47 A errichteten Anlagen sind sehr zahlreich (*Abb. 2.7* bis *2.11*), und der Rhythmus der Einführung von Energieerzeugern dieser Art beschleunigt sich. Es kann auf die Verwendung des BPX 47 A für folgende Anwendungen hingewiesen werden:

Abb. 2.7 Sonnenenergiemoduln BPX 47 A (Foto RTC)

Abb. 2.8 Sonnenenergiemoduln beim Club Mediterranee (Foto RTC)

Abb. 2.9 Station für eine Dauerleistung von 200 W, vom C.N.E.T. am Gipfel La Turbie errichtet (Foto C.N.E.T.)

Abb. 2.10 Pumpstation auf Korsika

Abb. 2.11 Schul-Fernsehen in Nigeria (Foto T.D.F.)

- Pumpstationen und Bewässerungsanlagen
- Schul-Fernsehen
- Funkbaken
- Fernsehrelais
- Richtfunkstrecken
- Sportschiffahrt und Segelregatten
- Isolierte Meßstationen.

Die Aussichten für die Anwendungen sind vielversprechend, was die sehr unterschiedlichen Untersuchungen zu diesem Thema rechtfertigen, welche sowohl in den Laboratoires d'Electronique et de Physique Appliquée (L.E.P) als auch bei RTC unter der Schirmherrschaft der Behörden und der Europäischen Gemeinschaften (über die Konzentration des polykristallinen Siliziums, über monokristalline Zellen in großen Abmessungen, über die Einkapselung) ablaufen und den Umfang der vorgesehenen Investitionen rechtfertigen. Die *Abb. 2.12* zeigt zwei Fertigungsgänge für die BPX 47 A-Zellen in den Werken von Caen.

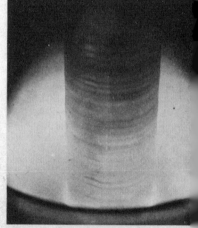

Abb. 2.12 Zwei Fertigungsschritte für Solarzellen; rechts das Ziehen des Einkristalls, links die Bedampfung

Abb. 2.13 Für die ersten beiden kommerziell genutzten europäischen Nachrichtensatelliten des ECS-Systems lieferte AEG-Telefunken die Solargeneratoren. Das Bild zeigt die optische Endkontrolle eines Solargenerator-Panels mit den 2 cm x 4 cm großen Solarzellen. Die einzelnen Zellen sind mit Hilfe einer automatischen Mikro-Schweißeinrichtung zu größeren Einheiten elektrisch verschaltet. Diese von dem deutschen Elektrokonzern entwickelte Technik ist der noch überwiegend angewandten Löttechnik unbestritten überlegen.

Einer der wichtigsten Solarzellen-Hersteller der Welt, die Firma AEG–Telefunken, beschäftigt sich schon seit vielen Jahren mit dieser Technologie. Dieses Unternehmen hat Solarzellen für eine Vielzahl von Satelliten geliefert (*Abb. 2.13*). In den letzten Jahren sind auch zahlreiche Solarzellenanlagen für terrestrische Anwendungen entwickelt worden (*Abb. 2.14*). Für solche Zwecke wird neuerdings auch polykristallines Silizium verwendet, das wesentlich billiger ist. Für dieses polykri-

Abb. 2.14 Mit 2,4 kW Leistung ist der hier gezeigte Silizium-Solargenerator einer der größten, die je in Europa aufgebaut wurde. Er ist Teil einer Solaranlage, die im Sommer 1979 von AEG-Telefunken in Mexiko aufgebaut wurde, und dort eine Wasserentsalzungsanlage zur Trinkwassergewinnung betreibt

stalline Silizium ist von den Firmen AEG-Telefunken und Wacker Chemitronic GmbH eine spezielle Herstellungsmethode entwickelt worden, finanziell unterstützt vom Bundesministerium für Forschung und Technologie (BMFT).

Literatur:

1) Sonnenenergiemoduln BPX 47 A.
A) „Notices techniques opto-electroniques", Auflage 1976, RTC-Handbuch: Der Sonnenenergiemodul.
B) Firmenzeitschrift „RTC actualites" Dezember 1971, Oktober 1974, April 1975, Juli 1975, Oktober 1976, Januar 1977.

3 Sonnenenergiezellen und -module der Firma France-Photon

Einleitung

In den vorausgegangenen Auflagen dieses Buches fand sich an dieser Stelle die Beschreibung der Sonnenenergiezellen und Kollektorenfelder der Firma Motorola. Inzwischen aber hat diese Firma die Herstellung von photogalvanischen Zellen eingestellt.

Dafür ist ein anderer französischer Hersteller, nämlich France-Photon, auf dem Markt erschienen. Diese Firma stellt Zellen, Module und Kollektorenfelder zur Gewinnung von Sonnenenergie her. *Abb. 3.1* zeigt eine dieser Sonnenenergiezellen.

Abb. 3.1

Von den Modulen gibt es verschiedene Typen. Das Modul X2 (/7) etwa, ist ein kleines Modul *(Abb. 3.2)* vom Typ X und liefert eine Spitzenleistung von 2 Watt sowie eine größte Spannung von 7V (lediglich für die 6-V-Version angegeben) bei einer Temperatur von 50°C. In *Abb. 3.3* werden die ent-

Abb. 3.2

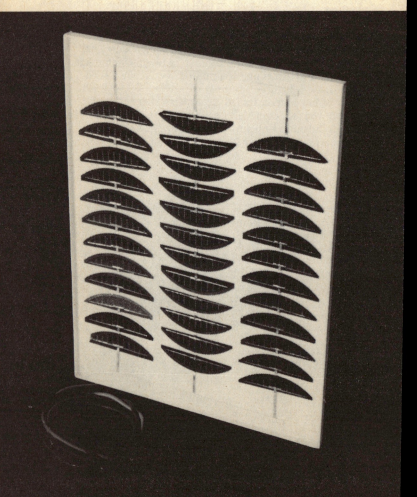

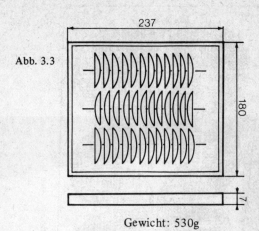

Abb. 3.3

Gewicht: 530g

sprechenden Abmessungen angegeben, während *Tabelle 2* die Kennwerte der 12V-Version wiedergibt. Diese Kennwerte gelten, wie übrigens bei allen anderen Modulen von France - Photon, für eine Ausleuchtung von 1000 W/m² Typ AM 1,5 und können eine Abweichung von ± 10% aufweisen. Bei einer Ausleuchtung von 800 W/m² muß der angegebene Stromwert mit dem Faktor 0,8 multipliziert werden.

Abb. 3.4 zeigt Modusol, ein Modul zur Aufrechterhaltung der Batterieladung. Es umfaßt 32 Zellen, die in eine stoßdämpfende Acrylschicht eingebettet sind. Es wird mit Montagezubehör geliefert und läßt sich dank eines 4 m langen Kabels,

Tabelle 2

Temperatur der Zellen	25°	50°
maximale Leistung (W)	1,8	1,6
Spannung (V) bei maximaler Leistung	16,5	14,5
Stromstärke bei 14V (A)	0,115	0,115
Kurzschlußstrom (A)	0,125	0,13
Leerlaufspannung (V)	20,5	18,5

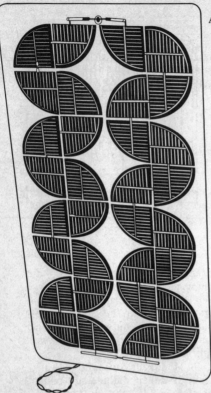

Abb. 3.4

und dafür vorgesehener Dioden, direkt an die Batterie anschließen. Die Abmessungen des Moduls betragen 480x250x 8 mm, sein Gewicht 2 kg. Die damit erzeugbare Spannung liegt, bei einer Temperatur von 25°C und einer nominalen Stromstärke von 0,60 A, bei 15 V. *Tabelle 3* zeigt die Daten dieses Moduls. Die einzelnen Module lassen sich selbstverständlich in Reihe oder parallel schalten.

Alle angegebenen Werte gelten für eine Ausleuchtung von 1000 W/m² Typ AM 1,5; bei einer Ausleuchtung von 800 W/m² muß der angegebene Strom mit dem Faktor 0,8 multipliziert werden. Die Abweichungen vom angegebenen Wert können ±10% betragen.

Tabelle 3

	Dieppe	La Rochelle	Nice	Fort-de France
Batterie, die das Modul das ganze Jahr über in geladenem Zustand halten kann	80 Ah	110 Ah	150 Ah	350 Ah
Mittlere Zeit, die nötig ist, um von April bis September folgende Leistung zu erbringen:				
20 Ah	8 Tage	6 Tage	5 Tage	6 Tage
50 Ah	20 Tage	15 Tage	13 Tage	15 Tage

Abb. 3.5

Schließlich gibt es noch eine Reihe von „großen Generatoren"
die Module vom Typ G. Sie liegen in drei Leistungsklassen vor
(Tabelle 4). Eines dieser Module zeigt *Abb. 3.5; Abb. 3.6* gibt
die Abmessungen der beiden dafür bestehenden Versionen
wieder.

Alle angegebenen Werte gelten für eine Ausleuchtung von
1000 W/m² Typ AM 1,5; bei einer Ausleuchtung von 800 W/m²

Version mit Rahmen 642 x 642 x 42,5 mm 7 kg

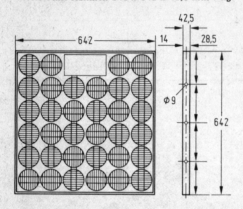

Abb. 3.6

Version X 639 x 639 x 12,3 mm 6 kg

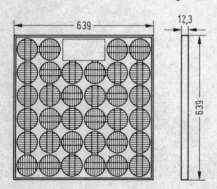

Tabelle 4

Typ des Kollektorfeldes	G33		G36		G40/15	
Temperatur der Zellen	25°C	50°C	25°C	50°C	25°C	50°C
maximale Leistung (W)	33	29,7	36	32,4	40	36
Spannung (V) bei maximaler Leistung	16	14,1	16,4	14,5	17,4	15,4
Stromstärke bei 14V (A)	2,09	22,11	2,29	2,30	2,38	2,40
Kurzschlußstrom (A)	22,20	2,23	2,31	2,34	2,42	2,46
Leerlaufspannung (V)	20	18,1	20,5	18,6	21,7	19,7

muß der angegebene Strom mit dem Faktor 0,8 multipliziert werden. Die Abweichungen vom angegebenen Wert können + 10% betragen.

Die Module können mit einem anodisierten Aluminiumrahmen geliefert werden oder ohne Rahmen und dafür mit einer Silizium-Dichtungsnaht. Nach jeweils 17 Zellen ist eine Paralleldiode eingebaut, und der verbindende Stromkreis, mit Sperrdioden, wird als Option für Kollektorfelder von jeweils 2 oder 4 Modulen vorgeschlagen.

Technologie

Die angewandte Technologie ist je nach Hersteller verschieden. *Abb. 3.7*, die die von France-Photon gewählte Ausführung zeigt, faßt die verschiedenen Möglichkeiten zusammen.

Spannungs-Strom-Kennlinien

Die Kennlinie einer Sonnenenergiezelle stellt die Veränderung des gelieferten Stroms in Abhängigkeit von der Spannung dar, d.h. in Abhängigkeit von der verwendeten Lastart, angefangen vom Kurzschluß (Spannung 0, Stromstärke maximal) bis hin zum offenen Stromkreis (Spannung maximal, Stromstärke O).

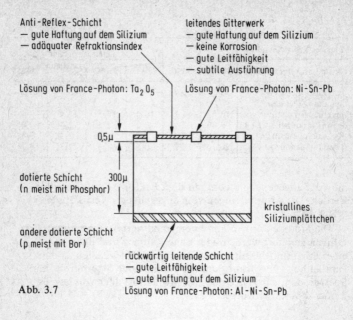

Abb. 3.7

Die Spannung im offenen Stromkreis ist abhängig von der Sperrschicht. Die Intensität der Ausleuchtung hat, zumindest bei Beleuchtungsstärken über 100 W/m², praktisch keinen Einfluß auf die Spannung. Der Kurzschlußstrom jedoch steht in einem direkt proportionalen Verhältnis zur empfangenen Sonnenenergie, d. h. es besteht eine direkte Proportionalität zur Oberfläche der Energiezelle und zur Beleuchtungsstärke.

Die ideale Zelle hätte, für eine gegebene Beleuchtungsstärke und Temperatur, eine stufenförmige Kennlinie; konstante Stromstärke bis zur Spannung des offenen Stromkreises, dann konstante Spannung, wobei die Stromstärke augenblicklich vom Wert des Kurzschlußes weg auf Null sinkt.

Da diese Perfektion aber nicht besteht, zeigt sich die Kennlinie gerundet und weist einen Faktor auf, der vom Reihen- und Parallelwiderstand determiniert wird *(Abb. 3.8)*. Der Nebenschlußwiderstand befindet sich in Abhängigkeit von

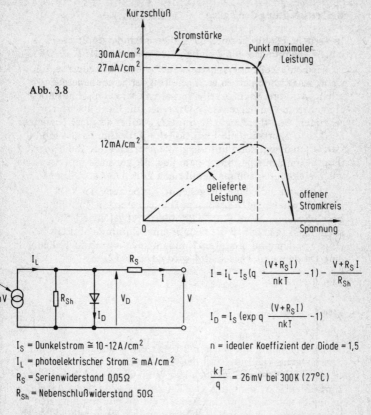

Abb. 3.9 Schema und charakteristische Gleichungen einer Siliziumzelle mit typischen Werten der verschiedenen Parameter

einem Sperrstrom in der Sperrschicht. Der Serienwiderstand ist gleich dem Innenwiderstand der Zelle und hängt von dem verwendeten Silizium ab, vom Widerstand des Verbindungsgitters sowie vom Kontakt zwischen diesem Gitter und dem Silizium. Das entsprechende Schema einer Sonnenenergiezelle wird in *Abb. 3.9* wiedergegeben.

Reihenschaltung der Zellen

In Serie geschaltet können die Zellen auch bei unterschiedlichen Spannungen den gleichen Strom liefern *(Abb. 3.10)*.

Wird eine Zelle überschattet (auch wenn nur teilweise, d.h. wenn sie nur noch einen geringen Teil der Sonnenenergie erhält, den ihre Nachbarzellen erhalten), so kann sie nur noch einen Strom von begrenzter Stärke liefern. Liegt die vom gesamten Modul erzeugte Stromstärke höher als diese begrenzte Stärke, so kehrt sich die Funktion der Zelle um. Ist das Modul kurzgeschlossen, dann unterliegt die überschattete Zelle an ihren Klemmen einer Sperrspannung, die genau so groß ist, wie die Gesamtspannung der übrigen Zellen *(Abb. 3.11a,b)*.

Durch die sich daraus ergebende Aufheizung der Zelle, kann es, wie bei der klassischen Diode, zu einem Zusammenbruch kommen. Von France-Photon durchgeführte Untersuchungen zeigen, daß die Gefahr eines Zusammenbruchs bei einer Sperrspannung begrenzt, indem nach jeweils 36 Zellen eine Diode parallel geschaltet wird *(Abb. 3.12)*.

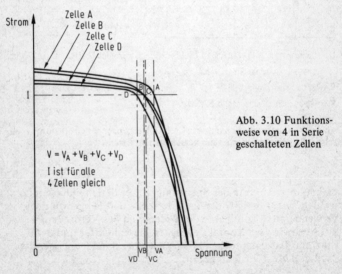

Abb. 3.10 Funktionsweise von 4 in Serie geschalteten Zellen

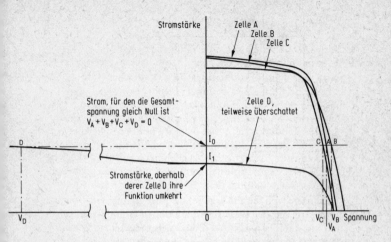

Abb. 3.11a Funktionsweise von 4 in Serie geschalteten Zellen, von denen eine teilweise überschattet wird (Funktionspunkt jeder einzelnen Zelle)

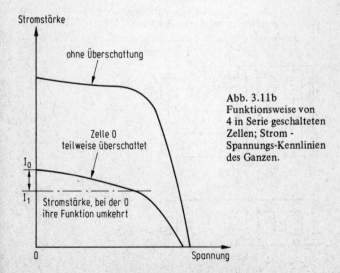

Abb. 3.11b
Funktionsweise von 4 in Serie geschalteten Zellen; Strom - Spannungs-Kennlinien des Ganzen.

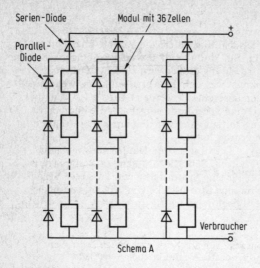

Abb. 3.12 Schemata der empfohlenen Schaltungen

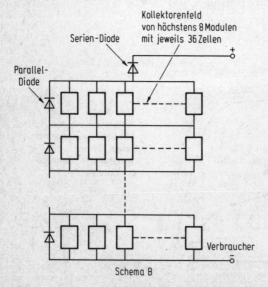

Parallelschaltung

Im Falle der Parallelschaltung liefern die Module oder Zellen den gleichen Strom. Ein Modul wird also als Empfänger arbeiten, falls die Funktionsspannung größer wird als seine Spannung im offenen Stromkreis, was sich dann ergeben kann, wenn eine oder mehrere Zellen überschattet werden *(Abb. 3.13)*. Um dies zu vermeiden, wird eine Sperrdiode eingebaut, die darüber hinaus auch für eine Nutzung der von den normal bestrahlten Zellen erzeugten Leistung sorgt.

Damit nicht zuviel Leistung an den Dioden verloren geht empfiehlt France-Photon „Schottky-Dioden" (z.B. die Serien 1 N5817,18 und 19 für eine Stromstärke von 1A sowie SD 51 oder MBR 340 M für eine Stromstärke von 20A und darüber; der Spannungsabfall liegt dabei häufig unter 0,4 V).

Akkumulatoren

Die Akkumulatoren werden zwar noch in einem späteren Kapitel ausführlich behandelt, jedoch scheint es uns angebracht,

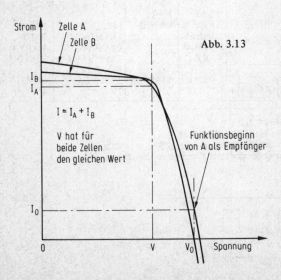

Abb. 3.13

an dieser Stelle eine von France-Photon aufgestellte Vergleichstabelle zu zittieren, die die Wahl der jeweiligen Akkumulatoren erleichtern dürfte *(Tabelle 5)*.

Tabelle 5   Vergleich durchschnittlicher Werte von 4 verschiedenen Batteriearten

	undurchlässiger Bleiakku	wartungsfreier, offener Bleiakku	offener Bleiakku mit großer Elektrolytenreserve	Cd - Ni
faradischer Wirkungsgrad[1]	90%	90%	90%	75-80%
Spannungswirkungsgrad[1]	87%	87%	87%	85%
monatliche Selbstentladung bei 20°C	3-4%	4-5%	3-4%	30%
monatliche Selbstentladung bei 40°C	6-8%	9%	7-10%	70%
Zyklen bei maximal 40% Entladung	1000	1000	1000	500
Zyklen bei maximal 80% Entladung	600	500	500	500
Autonomie ohne Wartung	5 Jahre	2-4 Jahre	6-12 Monate	3-5 Jahre
Lebensdauer	5 Jahre	2-4 Jahre	8-12 Jahre	3-5 Jahre
Massenkapazität	20-25 Wh/kg	40-50 Wh/kg	25 Wh/kg	30 Wh/kg
Hersteller[2]	DARY SONNENSCHEIN VARTA	DELCO	CIPEL FULMEN OLDHAM SAFT VARTA WONDER	ALGO SAFT VARTA WONDER
erhältliche Größen	5-400 Ah	50-100 Ah[3]	20-9000 Ah	0,5-1500 Ah
Spannung des Einzelelements	2-12 V	12 V	2 V	1,2-12 V

1) bei einem realen Zyklus
2) ohne Anspruch auf Vollständigkeit
3) Möglichkeit der Parallelschaltung gegeben, ohne dabei die vom Hersteller gewährte Garantie zu schmälern.

Tabelle 6

System	Vorzüge	Nachteile
1. Generator mit Regler + Akkumuladoren + Wechselrichter + Wechselstrommotor	erprobte und kostengünstige Standardanwendung (z.B. versenkte Pumpe mit 380V dreiphasig) Möglichkeit zur Umstellung bestehender Anlagen auf Sonnenenergie	komplexes System verlangt einen Wechselrichter mit gutem Wirkungsgrad bei schwacher Last Akkus müssen gewartet werden
2. Generator + Wechselrichter + Wechselstrommotor	wie oben	verlangt einen speziellen Wechselrichter zur Vermeidung der Anlaufspitzen keine Energiespeicherung möglich Adaption und Anwendung des Generators schwierig
3. Generator mit Regler + Akkumulator + Gleichstrommotor	einfacheres System als die beiden vorhergehenden besserer umfassender Wirkungsgrad möglich durch Weglassen des Wechselrichters	Gleichstrommotor weniger standardisiert als Wechselstrommotore verlangt alle 2-3 Jahre einen Austausch der Kollektorenbürsten der Motore Akkus müssen gewartet werden
4. Generator + Gleichstrommotor	sehr unkompliziertes System, das wenig Wartung benötigt guter globaler Wirkungsgrad bei gut ausgearbeiteten System höchste Zuverlässigkeit	Austausch der Bürsten Betrieb nur bei Sonneneinstrahlung

Energieversorgung von Motoren

Sonnenenergiezellen und Module werden auch zum Betrieb von Motoren verwendet, wobei wir hier besonders an dadurch betriebene Wasserpumpen in der Sahelzone oder in ähnlichen

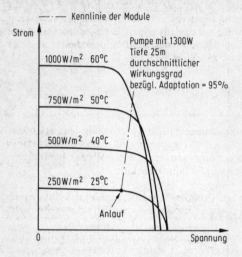

Abb. 3.14

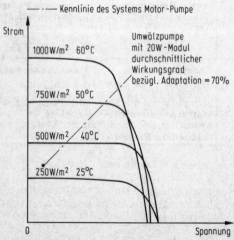

Gebieten denken. Die *Tabelle 6* gibt die 4 dafür möglichen
Systeme wieder. Trennt man bei System 1 und System 3 den
Verbraucherteil vom Wiederaufladungsteil des Akkus, so ergibt
sich der klassische Fall von Modulen zur Ladung der Akkus.
Bei System 2 und 4 ist eine genaue Studie nötig, um die Module
ausreichend an den Motor anzupassen. Die *Abb. 3.14* zeigt
rechts ein schlecht angepaßtes System, dessen Wirkungsgrad
bei 70% liegt, während das gut angepaßte System, links, einen
Wirkungsgrad von 95% erbringt; die Pumpe arbeitet ab einer
Ausleuchtung von 250 W/m^2.

Dimensionierung

Da die Sonneneinstrahlung nicht gleichmäßig und ununter-
brochen erfolgt, muß die erzeugte elektrische Energie gespeichert und muß die für einen bestimmten Zweck benötigte
Anzahl an Modulen bestimmt werden.

Es wird zunächst immer damit begonnen, sowohl die vor-
aussichtlich benötigte Energiemenge zu berechnen als auch
den gewünschten Wirkungsgrad. Hierfür ein Beispiel:
Versorgt werden soll eine Sender-Empfänger-Anlage mit
24V. Die Anlage verbraucht während einer täglichen Sendezeit
von 30 Minuten 5A; bei Empfang und Empfangsbereitschaft
wird 0,1A verbraucht. Der tägliche Stromverbrauch beläuft
sich somit auf

$$5 \times 0{,}5 + 0{,}1 \times 23{,}5 = 4{,}85 \text{ Ah/Tag}$$

d.h.: bei einer Spannung von 24V, auf 116,4 Wh/Tag.
Unter Voraussetzung eines durchschnittlichen Wirkungsgrades von 85% bei den Akkumulatoren und eines Wirkungsgrades von 95% hinsichtlich der Anpassung der Systeme, sollten
die Module also eine tägliche Energie von

$$\frac{116{,}4}{0{,}85 \times 0{,}95} = 144 \text{ Wh/Tag liefern.}$$

Da jedoch gelegentlich wöchentliche oder jährliche Betriebs-
schwankungen mit einbezogen werden müssen, ergibt sich
daraus eine veränderte Situation.

Wahl der Anzahl der Module

Die Wahl der genauen Anzahl der zu verwendeten Module
sowie die Entscheidung hinsichtlich der Akkumulatorengröße
ist jeweils von Fall zu Fall zu treffen. Da es jedoch die geringe
Größe des Systems gestattet, bedeutende Sicherheitskoeffizienten anzuwenden, können ungefähre Größenangaben
gegeben werden.

Tabelle 7 gibt - für einen Verbrauch von 100 Wh/tag -
sowohl die zu erstellende Spitzenleistung wieder, als auch
den für die jeweiligen Gegebenheiten empfohlenen Neigungswinkel der Kollektoren. (Die Angaben erfolgen unter Berücksichtigung eines erheblichen Sicherheitskoeffizienten).

Tabelle 7 Dimensionierung einer Sonnenenergieanlage für einen Jährlichen Verbrauch von 100 Wh/Tag

	Breitengrad	Speicherung	Generator	
			Neigungswinkel	Spitzenleistung
Lille	50° (z.B.160Ah 12V)	1900 Wh	60°	120 W
Perpignan	43°	1800 Wh	50°	55 W
Fort-de France	10°	700 Wh	15°	30 W
Niger	10°	600 Wh	15°	28 W
Venezuela	5°	750 Wh	10°	38 W

Tabelle 7 wiederum gibt die durchschnittlich erzeugte
Energie eines Sonnenenergie-Generators von 100 Wc. Es zeigt
sich, daß in ungünstigen Breitengraden die Wintermonate eine
hohe Anzahl von Modulen erfordern.

Aufstellung der Module

Die Module müssen so aufgestellt werden, daß sie weder von
irgendwelchen Gegenständen in der Umgebung (Häuser, Bäume
etc.) überschattet werden, noch zu bestimmten Jahreszeiten
Schatten aufeinander werfen.

Tabelle 8

Tagesleistung (Wh/Tag) eines Sonnenenergie-Generators von 100 Wc (ohne Berücksichtigung des Adaptions-Wirkungsgrades)

	Neigungswinkel der Module	November/Januar	Februar/April	Mai/Juli	August/Oktober
Lille	60°	110	260	360	310
Perpignan	50°	280	420	470	430
Fort- de France	15°	480	560	580	540
Niger	15°	570	620	540	540
Venezuela	10°	400	440	360	430

Zur Verringerung der Temperatur der Module muß hinter diesen für eine ausreichende Luftzirkulation gesorgt werden. Es wird empfohlen, die Module in einer Höhe von über 80cm zu installieren.

Der Neigungswinkel der Module hängt selbstverständlich von der geographischen Lage und der erwünschten Leistung ab, jedoch sollte eine horizontale Aufstellung vermieden werden, um eine gute natürliche Konfektion zu gestatten und ihre Säuberung durch den Regen zu erleichtern.

Abb. 3.15 zeigt die ungefähren Winkel, die zu berücksichtigen sind, um einen Schattenwurf, durch Gegenstände in der Umgebung oder durch die Kollektoren selbst, zu vermeiden.

Quelle: Technische Dokumentation von France-Photon

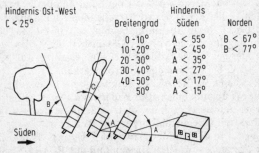

Abb. 3.15 Ungefähre Winkel, die zu berücksichtigen sind, um störende Schatten auf den Kollektoren zu vermeiden.

4 Regler und Überwachung des Ladezustandes der Akkus

Parallelregler

In den Schaltbildern der Sonnenzellenanlagen findet man im allgemeinen Nebenschluß- bzw. Parallelregler. Sie müssen besonders für jeden Einzelfall ausgelegt sein, entsprechend der Spannung und der Stromstärken der in Modulen und Kollektoren zusammengefaßten Sonnenzellen.

Nachstehend sollen einige Angaben über die Nebenschlußregler gemacht werden, die in Verbindung mit RTC- bzw. Philips-Modulen eingesetzt werden müssen. Die *Abb. 4.1* stellt schematisch eine Sonnenenergieanlage dar, mit

Z = Sonnenzelle oder eine Gruppe solcher Zellen
R = Regler
D = Schutzdiode
A = Akkus
V = Verbraucher.

Die *Abb. 4.2* zeigt das Prinzip des Nebenschlußreglers, der von RTC vorgeschlagen wird, mit der Schutzdiode D_o entsprechend den Teilen R + D der vorhergehenden Abbildung. Der Regler arbeitet als ein Spannungsbegrenzer. Am Eingang steht die Spannung an, welche von der Gesamtheit der Zellen, der Moduln oder der Sonnenkollektoren geliefert wird, z.B. 12, 24, 36 oder 48 V, bei verschiedenen Stromstärken.

Die Bauelemente in *Abb. 4.2* können je nach Leistung verschiedene Werte annehmen. Der Widerstand R 1 ist auf einen Kühlkörper montiert; auch der dazu in Serie geschaltete Transistor T1 ist mit einem Kühlkörper versehen.
Parallel zu R1 und T1 findet man zwei Z-Dioden Z1 und Z2 in Reihe mit sechs normalen Dioden und mit R2 von 220 Ω. Der Ausgang ist mit dem Akku verbunden.

Wenn man einen RTC-Modul zu 34 Zellen annimmt, so beträgt die Nennspannung etwa 12 V bei ca. 0,91 A; dies ergibt

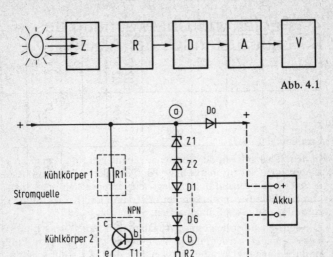

Abb. 4.1

Abb. 4.2

eine Leistung von etwa 11 W. Durch Anordnungen in Reihe, parallel oder kombiniert in Reihe und parallel, kann man Kollektoren, wie in der *Tabelle 9* gezeigt, zusammenstellen. Die Schaltung in Abb. 4.2 ist für Gruppen bis zu 12 Moduln zu 11 W geeignet.

Arbeitsweise des begrenzenden Reglers

T1 wird leitend, wenn die Eingangsspannung die Z-Spannung der Z-Dioden Z1 und Z2 und die der anderen Dioden übersteigt. In diesem Falle fließt Strom von a nach b und damit auch in die Basis von T1. Durch die Last, die Transistor plus Widerstand R1 bildet, sinkt die Eingangsspannung. Wenn nun diese Spannung kleiner wird als die Z-Spannungen der Z-Dioden, sperrt der Transistor wieder und die Eingangsspannung steigt. Auf diese Weise wird eine Regelung erzielt. Dank des Widerstandes R1 ist die Verlustleistung von T1 gering. Die Anpassung des Reglers an den Akku erfolgt dadurch, daß man eine oder mehrere der

Tabelle 9

Anzahl der Moduln	2	3	4	4	4	6	6	
Spannung (V)	24	36	12	12	48	24	36	48
Kühlk. 1 (cm)	12	12	12	12	12	17	17	23
Kühlk. 2 (cm)	12	12	12	12	12	17	17	23
R1 (Ω)	RH 50 27 (1)	RH 50 36 (1)	RH 50 6 (2)	RH 50 27 (2)	RH 50 100 (2)	RH 50 27 (3)	RH 50 56 (3)	RH 50 68 (4)
Z1	BZY93/ C27	BZY93/ C39	BZY93/ C13	BZY93/ C27	BZY93/ C29	BZY93/ C27	BZY93/ C39	BZY93/ C27
Z2				gleicher Typ wie Z1				
D1 bis D6				immer 220 Ω – 5 W				
D$_o$	BYX42- 300	BYX42- 300	BYX97- 300	BYX97- 300	BYX42- 300	BYX97- 300	BYX97- 300	BYX97- 300
R2								
T1	2N3055	2N3055	2N3771	2N3055	2N3055	2N3771	2N3055	2N3771

Dioden D1 bis D6 kurzschließt. R1 ist ein Widerstand der Firma
SFERNICE, dessen Typ in der Tabelle 3 angegeben ist. Die Zahl
der parallel geschalteten Widerstände R1 ist in Klammer angegeben. R2 ist immer ein Widerstand von 220 Ω und 5 W Belast-
barkeit. Z1 und Z2 sind vom gleichen Typ, d.h. sie haben die
gleiche Z-Spannung.

Die abgegebene Leistung

Mit n der Anzahl der Moduln hat man

$$n = n \cdot P_M = 11 \cdot n \text{ Watt}$$

mit z.B. n = 12 erhält man P = 132 W. Falls die Spannung 48 V
beträgt, so ergibt sich die Stromstärke zu

$$I = 132 \text{ W}/48 \text{ V} = 2,75 \text{ A}$$

Überwachungsgerät für die Batterie

Hier stellen wir eine elektronische Schaltung vor, die es ermöglicht,
eine numerische Leuchtanzeige für den Ladezustand einer
Batterie mit 12 V Nennspannung zu steuern. Das Schaltschema
dieses Gerätes ist in *Abb. 4.3* dargestellt. In dieser Anordnung
findet man: Eine integrierte Schaltung, drei PNP-Transistoren,
eine Z-Diode D1, acht normale Dioden, einen Kondensator,
19 Widerstände und eine Leuchtanzeige mit sieben Segmenten
und einem gemeinsamen Punkt K, der als Anzeige des Batterie-
zustandes während des Ladens des Akkus und danach dient.

Die integrierte Schaltung vom Typ TCA 955 ist als Fenster-
Diskriminator bekannt. Sie steuert die drei Transistoren von den
Ausgängen 13, 14 und 2 aus, so daß die Anzeige für drei
Zustände erregt wird.

Wenn die Spannung an den Klemmen der Batterie, die auch
das Überwachungsgerät versorgt, normal ist, d.h. 12 V beträgt,
so leuchtet die Anzeige mit jenen Segmenten auf, die eine
Null (0) bilden. Wenn die Spannung den zulässigen Grenzwert
von 14,4 V erreicht, so leuchtet die Anzeige so auf, daß ein H
gebildet wird; das bedeutet: Hohe Ladung. Die Zahlenwerte
für die Widerstände und Kondensatoren dieser Schaltung sind:

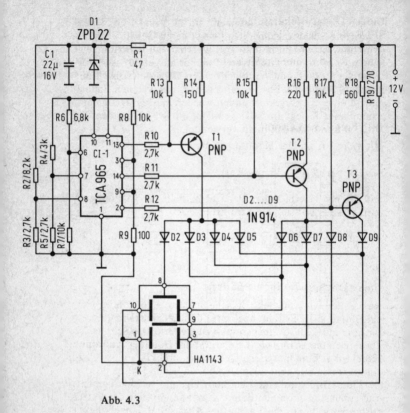

Abb. 4.3

R1 = 47 Ω; R2 = 8,2 kΩ, R3, R5, R10, R11 und R12 = 2,7 kΩ;
R4 = 3 kΩ; R6 = 6,8 kΩ; R7, R8, R13, R15, R17 = 10 kΩ;
R9 = 100 Ω; R14 = 150 Ω; R16 = 220 Ω; R18 = 560 Ω;
R19 = 270 Ω; C1 = 22 μF/16 V Tantal.

Alle Widerstände sind für 0,25 W ausgelegt, mit Ausnahme von R19, der 0,5 W hat. Das Gerät kann zwischen den beiden nachstehenden Grenzwerten für die Versorgungsspannung arbeiten: Minimum 10 V, Maximum 20 V. Der Stromverbrauch beträgt 120 mA, wenn die Leuchtanzeige auf „0" steht.

Die normalen Betriebsgrenzen sind 11,5 und 14,5 V. Was die integrierte Schaltung angeht, so weist deren Gehäuse 2 x 7 Anschlußstifte (dual in line) auf, während die Leuchtanzeige in einem Gehäuse mit 10 Stiften (2 mal 5) ausgeführt ist. *Abb. 4.4* zeigt die Steckeranordnung der beiden Gehäuse (von unten gesehen). Beim HA 1143 ist angegeben, mit welchen Bauelementen die Ausgänge verbunden werden müssen. Der gemeinsame Punkt K liegt am Stift 5 und ist mit R9 verbunden. Die Stifte 4 und 6 werden nicht verwendet.

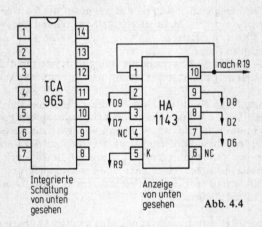

Abb. 4.4

Literatur:

1) Dokument RTC
2) Funkschau 1978, Heft 3, von G. Wuhri vorgeschlagene Schaltung.

5 Akkumulatoren

Einleitung

In den vorhergehenden Kapiteln ist schon auf die Notwendigkeit hingewiesen worden, Akkubatterien zusammen mit den Sonnenzellenanlagen einzusetzen.
Diese erfüllen folgende Aufgaben:
 1) Sie stellen die Energiequelle während der Zeiten dar, in denen es unmöglich ist, einen Strom aus der Sonnenzelle zu entnehmen.
 2) Sie dienen als Puffer zwischen den Zellen und dem Verbraucher. Das Laden der Akkus kann von den zugehörigen Sonnenzellen nur während der Zeiten mit Sonnenschein vorgenommen werden. Diese Forderung verringert die Zahl der Betriebsstunden der Verbrauchergeräte in bezug auf die Zahl der Sonnenscheinstunden, es sei denn, die Sonnenkollektoren wären leistungskräftig genug, um die Verbraucher gleichzeitig mit den Akkus anzuschließen.

Anpassung der Stromquelle zum Laden an die Akkubatterie

Diese Anpassung muß richtig vorgenommen werden, wenn man nicht die Zellen oder die Akkus, oder beide, beschädigen bzw. deren Lebensdauer beeinträchtigen will.
 Die Spannung der Ladeeinrichtung muß immer über der für den Akku zulässigen maximalen Spannung liegen. Im Hinblick auf diese Anpassung werden je nach Fall entweder die Stromquellen oder die Akkus zusammengeschaltet. Einige Beispiele für diese Anpassung:
 Beispiel 1: Als Quelle wird ein Sonnenenergiemodul verwendet, der 0,5 V abgibt, zusammen mit Akkus für 4,5 V.
Es ist eine Anzahl n von in Reihe geschalteten Sonnenzellen zu verwenden, so daß deren gesamte Spannung größer als 4,5 V ist. Mit n = 10 verfügt man über 5 V Gleichspannung; mit n = 11 über 5,5 V.

Beispiel 2: Der Solarzellenmodul liefert 13 V und die Akkus sind für 6 V ausgelegt. Man faßt dann zwei Akkus in Reihe zusammen, so daß man 12 V erhält. In diesem Fall wäre jedoch eine Stromquelle für 14 V besser.

Beispiel 3: Als Energiequelle wird eine Sonnenbatterie verwendet, die insgesamt 30 V liefert (z.B. 60 Sonnenzellen in Reihe). Die Akkus sind für 6 V ausgelegt. In diesem Falle faßt man die Akkus zu vier in Reihe zusammen, so daß man 4 mal 6 V = 24 V erhält. Die Solar-Energiequelle muß gegen eine zu hohe Akkuspannung geschützt werden; letztere könnte höher als diejenige der Energiequelle sein, wenn z.B. der Solarkollektor ungenügend beleuchtet wird. Zum Schutz wird eine Diode zwischen die Quelle für das Aufladen und die Akkus geschaltet.

Abb. 5.1 zeigt eine solche Anordnung. Im Beispiel A erkennt man 12 Solarzellen, die insgesamt 6 V abgeben und einen Akku von 4,5 V aufladen. Die Diode ist leitend, solange die Spannung der Solarzellen über derjenigen des Akkus liegt. Sollte das Gegenteil eintreten, sperrt die Diode, da deren Katode dann positiver als die Anode ist.

Beispiel B derselben Abbildung zeigt den einfachsten Fall einer Energiequelle mit 15 V Ausgangsspannung; die zwei 6-V-Akkus sind in Reihe geschaltet und ergeben 12 V. Im Beispiel C wird eine Gruppe von 60 Sonnenzellen zu je 0,5 V gezeigt, die 30 V abgeben und vier Akkus zu 6 V laden, was 24 V entspricht. In die „+"-Leitung muß wie vorher eine Diode eingefügt werden.

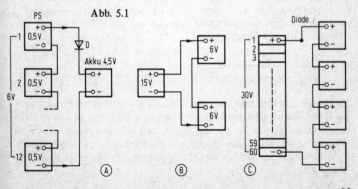

Abb. 5.1

Akkumulator-Typen

Die Bleiakkus, und diejenigen mit Nickel-Cadmium und Nickel-Eisen, die als alkalische Akkumulatoren bekannt sind, gehören zu den am meisten verbreiteten Typen.

1. Die Bleiakkus: Ihr Elektrolyt ist Schwefelsäure. Ein Akku dieses Typs besteht aus folgenden Teilen:

a) Gruppen von positiven und negativen Platten: Jede Gruppe faßt die Platten desselben Vorzeichens zusammen. Man erhält somit die positiven und die negativen Pole des Elementes. Die Platten + und – werden abwechselnd angeordnet.

b) Trennplatten: Es sind dies Isolierungen, die eine Berührung zwischen den Platten entgegengesetzten Vorzeichens vermeiden.

c) Der Behälter: Er faßt den Elektrolyt, der den Stromfluß zwischen den Platten ermöglicht. Eine Batterie wird durch die in den Behälter eingebauten Elemente zusammengebaut. Durch Reihenschaltung der einzelnen Zellen erhält man eine Batteriespannung von n · U mit n = Anzahl der Zellen und U = Spannung der einzelnen Zelle.

d) Kapazität: Dieser Ausdruck hat nichts mit dem gleichen Wort zu tun, das im Zusammenhang mit Kondensatoren verwendet wird. Hier ist es die Elektrizitätsmenge in Ah (Amperestunden), die eine Batterie speichern kann. So kann z.B. eine Batterie von 30 Ah einen Strom von 3 A während 10 Stunden oder einen Strom von 1 A während 30 Stunden, usw. abgeben. Man kann die Kapazität auch in *Coulomb* ausdrücken. 1 Coulomb ist gleich 0,000277 Ah bzw. 1 Ah = 3600 Coulomb. Je größer die Plattenoberfläche ist, desto höher ist die Kapazität, welche letztlich mit dem Gewicht und dem Volumen der Batterie zunimmt. Der *Wirkungsgrad ist:*

$$\frac{\text{abgegebene Wh}}{\text{aufgenommene Wh}}$$

Die Dichte des Elektrolyten wird als *spezifisches Gewicht* oder als *Grad Baumé* gemessen. So entspricht z.B. 0° Be einem spezifischen Gewicht von 1 : 10 von 1,075 und 20 von 1,162 . . . sowie 70 von 1,942. Man mißt die Dichte des Elektrolyten mit einem Aräometer (einer Säurewaage). Das Aräometer zeigt bei 15 °C genau an.

Der innere Widerstand eines gut geladenen Akkus beträgt etwa ein *Milliohm;* so kann eine Batterie von 50 Ah z.B. einen Innenwiderstand von 5 mΩ (5/1000 Ω) haben. Bei höherer Kapazität wird R_i kleiner (R_i = Innenwiderstand). Der Wirkungsgrad liegt in der Größenordnung von 80 %.

Für die Wartung der Bleibatterien ist es erforderlich, den Elektrolyt regelmäßig zu erneuern und dabei die Akkus zu reinigen. Sie müssen während der Perioden der Nichtverwendung geladen gehalten werden. *Abb. 5.2* gibt die Baume-Grade in Abhängigkeit des spezifischen Gewichtes an.

Laden und Entladen: Die Spannung des Akkus oder der Akkubatterie nimmt selbstverständlich während des Ladens zu und während des Entladens ab. Daneben bleibt die *elektromotorische Kraft,* welche die Batteriespannung bei offenem Stromkreis darstellt (ohne Anschluß irgend einer Vorrichtung), nahezu konstant. Mit U = Lade- oder Entladespannung und mit EMK = elektromotorische Kraft (die also nahezu konstant ist) hat man

$$U = EMK \pm R_i \cdot I$$

Das Vorzeichen „+" gilt für das Laden, und das Vorzeichen „–" für das Entladen. I ist der Strom, der durch den Innenwiderstand R_i

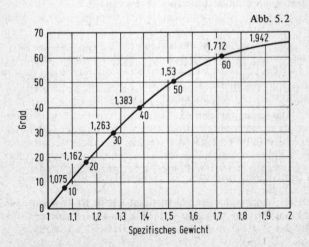

Abb. 5.2

der Batterie fließt. Zur Durchführung von Messungen wählt man
I gleich 0,1 mal dem zehnstündigen Strom. Bei einer Batterie von
30 Ah beträgt der zehnstündige Strom 3 A; somit ist als Laststrom I = 0,3 A zu wählen. Die Bleiakkus haben eine Spannung
von 2,5 bis 2,7 V je Zelle im voll geladenen Zustand und von
1,8 V nach Entladung. Durch Reihenschaltung mehrerer Zellen
kann man Akkus für verschiedene Spannungen erhalten.

Hier sollen nicht mehr Angaben über die Akkus, insbesondere
über deren interne Konstruktion gemacht werden, da dies über
den Rahmen dieser Darstellung hinausgehen würde.

2. *Alkalische Akkus:* Bei den Nickel-Cadmium-Akkus läuft
folgende chemische Reaktion ab:

$$Cd + Ni_2O_3 \leftrightarrows CdO + 2\,NiO$$

Der obere Pfeil entspricht der Entladung, der untere dem Laden.
Die Formel gilt auch für Nickel-Eisen-Akkus, wenn man das Cd
(Cadmium) durch Fe (Eisen) ersetzt. Die Formeln stellen vereinfachte Gleichungen dar.

Diese Akkus bieten im wesentlichen folgende Vorteile: Keine
Sulfatbildung, schnelleres Laden, Möglichkeit die Batterie
geladen oder entladen stehen zu lassen, ohne daß sie unbrauchbar
wird. Dagegen sind diese Batterien teurer als die Bleibatterien;
sie haben auch einen geringeren Wirkungsgrad.

Noch einige Angaben über die alkalischen Akkus:

Die beiden Typen, mit Fe oder mit Cd, bringen nicht genau
dieselben Ergebnisse. Der Elektrolyt besteht aus Natron- oder
Kalilauge, was zu der Bezeichnung alkalische Akkus geführt hat.
Diese Lösung muß eine Dichte von 1,26 oder 26° Be haben. Die
Erneuerung des Elektrolyten muß lediglich *alle 5 Jahre* vorgenommen werden, was einen außerordentlich großen Vorteil darstellt. Die Kapazität der alkalischen Batterien ist beinahe konstant, da sie nur wenig von der Temperatur und der Gebrauchsdauer beeinflußt wird. Es ist festzuhalten, daß diese Batterien
kurzzeitig einen hohen Entladestrom aushalten, aber auch für
langdauernden Betrieb mit einem niedrigen Entladestrom
ausgezeichnet sind.

Jedes Element hat eine elektromotorische Kraft von ca. 1,4 V.
Dank der Verwendung gesinterter Platten ist der innere Widerstand der alkalischen Akkus niedriger als bei den Bleiakkus.

Er liegt in der Größenordnung eines Milliohms, wobei der genaue Wert von der Art der Platten und der Dauer der Entladung abhängt. Wie weiter oben angedeutet, liegt der Wirkungsgrad zwischen 55 % und 80 %. Bei den modernsten Modellen ist er besser.

Die Entladedauer einer Nickel-Cadmium-Batterie liegt in der Größenordnung von 6 Stunden.

Bei den Nickel-Eisen-Batterien kann man noch kürzere Entladedauern zulassen. *Abb. 5.3* zeigt die Reihenschaltung der Zellen.

Laden und Entladen von Nickel-Cadmium-Batterien

Die Hauptparameter sind die Kapazität der Batterie, deren Nennspannung und deren Nennstrom. Diese Daten ermöglichen es, die Bedingungen für das Laden und das Entladen der Batterien zu bestimmen. Mit Q der Elektrizitätsmenge, oder wenn man will, der Kapazität des Akkus, ergibt sich

$$Q = I \cdot t \text{ in Ah}$$

Darin sind I = der Strom in Ampere und t = die Zeit in Stunden. Nimmt man die Kapazität Q der Batterie (in Ah) als konstant an, sind I und t umgekehrt proportional, so daß man I graphisch in Abhängigkeit von t mit Ah als Parameter darstellen kann.

Zu diesem Zwecke haben wir die Kurven der *Abb. 5.4* gezeichnet. Die Ah-Werte sind für jede Kurve angegeben. Die Skalen sind logarithmisch, so daß die Kurven als Gerade erschei-

Abb. 5.3

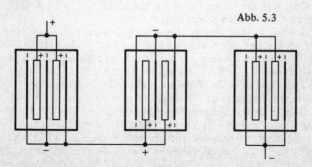

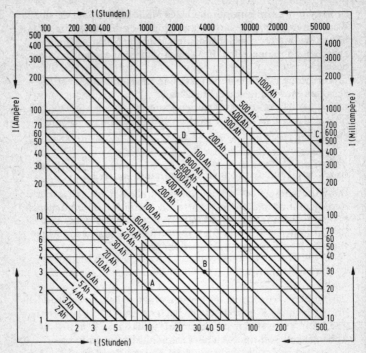

Abb. 5.4

nen. So geht die Kurve für 60 Ah durch die Punkte 60 A und 60 h auf den beiden Koordinatenachsen.

Beispiel 1: Man verfügt über einen gut geladenen Akku von Q = 20 Ah. Der durch diesen Akku zu versorgende Verbraucher nimmt einen Strom von 2 A auf. Welches ist die Entladedauer des Akkus? Unter Verwendung der Skalen unten links geht man bis zur Kurve für 20 Ah und findet für die Ordinate von 2 A eine Abszisse von 10 Stunden (Punkt A).

Beispiel 2: Das Gerät verbraucht 30 mA und der Akku hat eine Kapazität von 100 Ah. Die Ordinate 30 mA findet sich auf der rechten Skala des Nomogrammes. Die Kurve 100 Ah ergibt für I = 30 mA eine Dauer t = 3333 Stunden auf der Skala der oberen Abszissenachse. Selbstverständlich ist die Betriebsdauer des Akkus, wie sie sich aus *Abb. 5.4* ergibt, nur eine Annäherung. Sie kann mehr oder weniger länger oder kürzer ausfallen, bei ungenügendem Ladezustand, oder bei einer Batterie, die nicht in bester Verfassung ist; auch kann der Verbrauch des versorgten Gerätes höher als angenommen sein. Es ist festzuhalten, daß bei diesen Abschätzungen die Versorgungsspannung außer Acht bleibt.

Beispiel 3: Man will ein Gerät 200 Stunden lang, ohne Nachladen der Batterie, versorgen. Das Gerät verbraucht 500 mA. Welche Akkukapazität ist erforderlich?

Auf der rechten Ordinatenachse gehen wir bei 500 mA (Punkt C) in das Nomogramm. Die Kurve, die durch die Punkte für 200 Stunden und 500 mA geht, ist mit 100 Ah bezeichnet.

Man erhält richtig $Q = I \cdot t = 0,5 A \times 200 h = 100 Ah$. In Praxis wird man einen Akku mit einer höheren Kapazität, von z.B. 150 Ah anstelle 100 Ah wählen. Was das Laden der Akkus angeht, so wird für jeden Akku ein Ladekoeffizient angegeben, der in der Größenordnung von 1,4 liegt. Das heißt, daß man dem Akku 1,4 mal mehr Amperestunden zuführen muß, als er an den Verbraucher abgibt.

Ein Akku für 100 Ah muß also mit 140 Ah aufgeladen werden. Nachdem die Ladedauer vom Betreiber innerhalb der zulässigen Grenzen angegeben oder festgelegt ist, kann man den Ladestrom auf dieser Grundlage bestimmen.

Beispiel: Ein 100-Ah-Akku wird mit 140 Ah aufgeladen. Die Ladedauer beträgt 5 Stunden. Der Ladestrom ergibt sich somit zu 140 Ah/5 h = 28 A. Man muß selbstverständlich über ein Ladegerät verfügen, das 28 A unter der für den betreffenden Akku zulässigen Ladespannung liefert.

Typen der Nickel-Cadmium-Batterien.
Die Batterien dieser Art werden im allgemeinen für bescheidene Kapazitäten von z.B. 0,04 bis 0,6 Ah hergestellt. Unter diesen Umständen weisen sie kleine Abmessungen und niedrige Gewichte auf. Die *Tabelle 10* gibt einige Kennwerte von Nickel-Cadmium-Batterien geringer Kapazität der Herstellerfirma SAFT an.

Tabelle 10 Ni-Cd-Akkumulatoren der Firma Saft

Typ	Kapazität in Ah	Abmessungen (mm) Dicke	Durchmesser	Gewicht in Gramm
VB 4	0,04	6	15,7	3,6
VB 10	0,1	5,3	23	7
VB 22	0,23	7,8	25,1	12
VB 30	0,3	5,5	34,7	18
VB 60	0,6	9,8	34,7	31

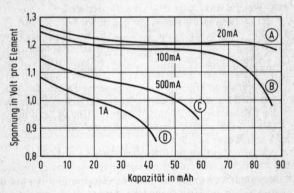

Abb. 5.5

Die Spannung und die Kapazität hängen vom Entladestrom ab. So sind für den Typ VB 10 mit 0,1 Ah der Tabelle 10 die entsprechenden Kurven in *Abb. 5.5* dargestellt.

Bei der Versorgung eines Gerätes, das 100 mA verbraucht (Kurve B), erhält man also zu Beginn des Einsatzes, d.h. zur Zeit t = 0, eine Spannung von ca. 1,24 V pro Batterieelement. In der Nähe des Entladungszustandes macht die Spannung etwa 1,1 V aus, was einer Kapazität von 80 mAh entspricht. Da der Entladestrom 100 mA beträgt, findet man die Zeit t = 80 mAh/100 mA = 0,8 h bzw. in Minuten 0,8 x 60 = 48 min. In der Tat erhält man, wenn man 0,8 h mit 100 mA multipliziert, genau 80 mAh oder 0,08 Ah, also etwas weniger als die Kapazität der Batterie, die mit 0,1 Ah angegeben war. Dieser Unterschied erklärt sich daraus,

Tabelle 11 Ni-Cd-Akkumulatoren der Firma General Electric

Typ	Zelle	Kapazität in Ah	Ladestrom in mA
GC2	AA	0,5	50
GC2	C	1	100
GC3	D	1,2	100
GC4	D	4	350
GC5	D	1,2	250

daß die Entladung in 0,8 Stunden anstelle in einer Stunde vorgenommen wurde. Bei einer Entladung mit 20 mA sieht man, daß die Spannung von 1,27 V (bei t = 0) auf 1,2 V abfällt. Diese Spannung entspricht einer Entladedauer von 83 mAh/20 mA = 4,15 Stunden.

Es können auch noch einige Angaben über die Nickel-Cadmium-Elemente der Firma General Electric gemacht werden. Diese Elemente können während einer Stunde mit Stromstärken von 0,5 bis 4 Ah entladen werden und müssen mit Stromstärken von 50 bis 350 mA geladen werden (einige Daten dieser Batterien sind in der *Tabelle 11* angegeben).

So kann der Typ GC4, der eine Kapazität von 4 Ah hat, z.B. in 4 Stunden mit 1 A entladen werden. Das Laden muß mit 350 mA erfolgen. Die Ladedauer beträgt also 4 Ah/0,35 A = 11,4 Stunden oder mehr, je nach dem Ladekoeffizienten.

Falls dieser z.B. 1,4 ausmacht, so ist das Laden 15 oder 16 Stunden lang vorzunehmen. Ganz allgemein sind für alle Akkus die vom Hersteller angegebenen Lade- und Entladebedingungen einzuhalten, die übrigens von einem Hersteller zum anderen, und von einem Modell zum anderen, unterschiedlich sein können.

Bei gewissen Anwendungen kann es erforderlich werden, den Lade- und den Entladebetrieb zu überwachen. Dies kann in der herkömmlichen Weise mit Spannungs- und Strommessern erfolgen, oder in einer höher entwickelten Stufe durch elektronische bzw. optoelektronische Vorrichtungen, die von der ladenden Stromquelle oder dem in Entladung stehenden Akku unter gleichzeitiger Verwendung eines Spannungsreglers beaufschlagt werden müssen. Diese Vorrichtungen müssen einen gegenüber dem zu versorgenden Gerät niedrigen Stromverbrauch aufweisen.

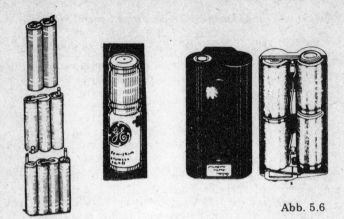

Abb. 5.6

Die *Abb. 5.6* zeigt einige NiCd-Akkus. Links sind dargestellt Elemente für 2,5 – 3,75 – 5 V, in der Mitte Akkus der Firma General Electric (sie können für die Reihenschaltung aneinandergereiht werden) und rechts ein Leistungs-Modul der Firma National Panasonic (Matsushita), der einen Strom von 1,5 A bei 5 V abgibt.

Nickel-Eisen-Akkumulatoren

Diese Akkumulatoren sind sehr robust, aber auch sehr viel kostspieliger als die Bleiakkus. Sie sind wartungsfreundlich. Die negative Elektrode besteht aus Eisenoxid. Als Elektrolyt wird eine 20%-ige Kalilauge verwendet. Das Ganze ist in einem Behälter aus gewelltem und vernickeltem Blech untergebracht, der hermetisch verschlossen ist. Die chemischen Reaktionen für die beiden Fälle des Ladens und des Entladens sind schon weiter oben angegeben worden. Die Kalilauge erneuert sich von selbst, so daß die Dichte der Lösung konstant bleibt. Auf diese Weise kann man die Kapazität eines alkalischen Akkus angenähert nach seinem Gewicht bestimmen. Sie macht 10 bis 12 Amperestunden pro Kilogramm Akku aus.

Silber-Zink-Akkumulatoren

Die positive Elektrode ist eine Mischung von Silber (Ag) und
Silberperoxid, während die andere Elektrode aus Zink (Zn)
besteht. Die chemischen Formeln für das Laden (Pfeil nach
links) und für das Entladen (Pfeil nach rechts) lauten:

$$AgO + Zn + H_2O \rightleftarrows Ag + Zn(OH)_2$$

Die Elektroden sind pulverförmig und werden in Zellophan-
beuteln gehalten. Man erzielt besonders interessante Ergebnisse.
So beträgt die Stromausbeute etwa 98 %, der Wirkungsgrad
hinsichtlich der Energie ist 85 %. Das Gewicht eines AgZn-
Akkus ist sehr viel niedriger gegenüber den anderen Typen.
Seine Kapazität in Ah ist 3 bis 5 mal größer als für einen
Bleiakku gleichen Gewichtes.

Verwendung der Akkus

Zum Zusammenwirken von Akkus mit Solarzellen oder allen
anderen Gleichstromquellen kann man verschiedene Betriebs-
weisen wählen. Die am häufigsten verwendeten sind der alter-
native Betrieb mit Laden und Entladen, der auch als zykli-
scher Betrieb bekannt ist, der Betrieb mit abgeglichener Batterie
und der Betrieb mit ,,schwimmender" Batterie (*floating* auf
englisch). Der abgeglichene Betrieb ist auch als Betrieb mit
Pufferbatterie bekannt. Der ,,schwimmende" Betrieb wird
häufig für Solargeneratoren verwendet.
   Was den zyklischen Betrieb angeht, so kommt dieser z.B. bei
Elektrofahrzeugen zum Einsatz. Das Aufladen erfolgt in der
Garage. Man muß folglich zwei Akkubatterien vorsehen, eine
im Fahrzeug, und die andere als Reserve in der Garage. Es wer-
den augenblicklich solarelektrische Fahrzeuge angeboten.
Selbstverständlich würde ein kleiner Sonnenkollektor auf dem
Dach eines beliebigen Fahrzeuges die Stromversorgung eines
elektronischen oder eines elektrischen Gerätes, z.B. eines
Sender-Empfängers geringer Leistung, übernehmen können.

Abgeglichener Betrieb

Der Solargenerator bzw. jeder andere Generator ist mit der
Akkubatterie und dem Verbraucher parallel zu schalten. Diese

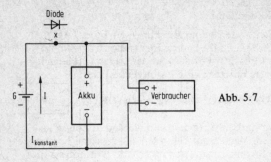

Abb. 5.7

Schaltung ist in *Abb. 5.7* gezeigt; (G) muß einen *konstanten Strom* gleich demjenigen abgeben, der für den Verbraucher erforderlich ist. Wenn die Last zugeschaltet ist, wird sie vom Generator versorgt, soweit der Akku geladen ist. Wenn der Verbraucher abgeschaltet ist, lädt der Generator den Akku auf.

Falls der Verbraucher während des Betriebes weniger als das Maximum entnimmt (z.B. wenn nur ein Teil der Geräte eingeschaltet ist), versorgt der Generator den Verbraucher und lädt den Akku auf. Wenn der Generator nicht genug Energie erzeugt, liefert der geladene Akku den erforderlichen Unterschied an den Verbraucher.

Schwimmender Betrieb

Das Schaltschema ist in *Abb. 5.8* gezeigt. Der Generator muß eine *konstante Spannung* abgeben. Dies ist dadurch möglich, daß man am Ausgang des Generators einen Spannungsregler anbringt, der die geforderte Ausgangsspannung U sicherstellt. Der Regler wird folglich in den Generator G mit einbezogen.

Damit das System aus Generator und Regler jederzeit eine konstante Spannung U abgeben kann, muß die vom Generator allein gelieferte Spannung größer als U sein. Wenn wir diese Spannung als U' bezeichnen, so wird der Unterschied U' – U im Regler verbraucht. Dieser Unterschied hängt von den Kennwerten des Reglers ab (siehe Kapitel IV). Aus wirtschaftlichen Gründen sollte U' – U so klein wie möglich sein. Die *Abb. 5.9* zeigt das Schaltschema des Systems aus Generator G + Regler R

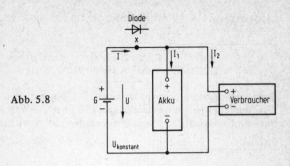

Abb. 5.8

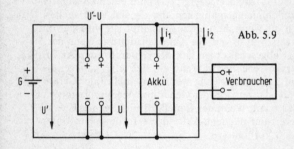

Abb. 5.9

+ Akkumulator A + Verbraucher. Der Gesamtstrom i, der von G + R unter der festen Spannung U geliefert wird, teilt sich in zwei Ströme auf: i_1 als Ladestrom der Akkus, und i_2 = den Strom für den Verbraucher, so daß man immer $i = i_1 + i_2$ hat.

Der Strom i_1 ermöglicht das langsame Aufladen der Batterie, das jederzeit während der Arbeitsweise des Generators erfolgt. Dieser Strom i_1 muß niedrig sein, gerade ausreichend, um den Ladezustand zu unterhalten. Der Strom i_2 kann je nach der Wahl des in Betrieb befindlichen Gerätes unterschiedlich sein. Wenn der Generator nicht arbeitet, so erhält der Verbraucher den Strom i_2 von der Batterie. Hierzu sei bemerkt, daß der Haltestrom für die Batterieladung (je nach dem Alter der Batterie) 0,001 bis 0,0005 des für die Kapazität der Batterie angegebenen Wertes beträgt. So hat man z.B. für eine Batteriekapazität von C = 10 Ah einen Strom für die langsame Ladung von

$$i_1 = 10/1000 = 0{,}01 \text{ A für eine neue Batterie bzw.}$$
$$i_1 = 10/2000 = 0{,}005 \text{ A für eine alte Batterie.}$$

Die Regelung muß sehr gut, z.B. auf $\pm$ 1 % genau sein.
Die Hersteller geben genauere Hinweise über die Wartung der Blei- und anderen Batterien. Diese sind genau einzuhalten.

6 Solargeneratoren und ihre Berechnung

Bei der Entwicklung von Schaltungen für die Sonnenenergie ist es sehr wichtig, sich über die Energiemöglichkeiten der Solarquellen und den Stromverbrauch aller Geräte und sonstiger elektrischer Vorrichtungen klar zu werden, die mit der aus der Sonnenenergie gewonnenen elektrischen Energie versorgt werden sollen. Der Stromverbrauch umfaßt sowohl die Geräte als auch alle Zwischen- und Hilfsvorrichtungen wie Spannungsregler – Melder – Meldeleuchten, motorisierte Nachfahrsysteme usw.

Falls gleichzeitig die Akkus und die Verbraucher versorgt werden sollen, so addiert man die beiden Verbräuche. Man kommt schließlich zu verschiedenen Ergebnissen, die sich in Zahlenwerten für die Energie, die Leistung, den Strom, die Spannung, die Ausleuchtung ausdrücken; gegebenenfalls ergeben sich noch weitere physikalische oder *wirtschaftliche* Größen. Eine Größe, welche keinen physikalischen Charakter, aber eine große Bedeutung hat, ist der Kostenaufwand für den Kauf der Ausrüstungsteile für ein kleines oder großes Sonnenkraftwerk, für die Überwachung und für die Erneuerung abgenutzter Teile.

Es müssen auch Vergleiche zwischen den Kosten der Solarenergie und den anderen Energiequellen gemacht werden, von denen die wichtigsten das Erdöl, Gas, Kohle, Holz, Abfälle, Wind, Wasser, Atomenergie und chemische Energie (Primärelemente) usw. sind. Die Sonnenenergie hat den Vorteil, praktisch unbegrenzt zu sein und hinsichtlich der „Vormaterialien" nichts zu kosten. Es sind jedoch die Vorrichtungen zur Umwandlung der Solarenergie in elektrische Energie, einschließlich der Hilfsgeräte, die hohe Kosten verursachen. Ein Kostenelement, was unseres Wissens noch nie in den Unterlagen über die Solarenergie erwähnt worden ist, wird durch die Oberfläche an Grund und Boden dargestellt, auf welcher die Sonnenkollektoren errichtet werden. In den Wohnvierteln ist der Quadratmeter teuer. In der Stadt kommt man auf einige Tausend DM pro Quadratmeter.

Die Energie, die Leistung und die Zeit

In den Untersuchungen über die Sonnenenergie verwendet man
verschiedene Einheiten: Das Joule, das Watt, oder auch Joule
pro Sekunde und deren Vielfache oder Bruchteile.

Die Energie E ist das Produkt einer Leistung P mal einer
Zeit t und man kann anschreiben:

$$E = P \cdot t$$

Die Zeit t kann in Sekunden, Stunden, Tagen und Jahren
gemessen werden. Die Umrechnungen sind einfach:

1 Jahr = 365 Tage = 8760 Stunden = 31 536 000 Sekunden
1 Tag = 24 Stunden = 86 400 Sekunden
1 Stunde = 3600 Sekunden.

Die Einheit der Leistung ist das Watt mit seinen Bruchteilen
mW, μW, pW und seinen Vielfachen kW und MW, bei denen
k = 1000 und M = 1 000 000 bedeuten. Bei der Untersuchung der
Sonnenenergie verwendet man üblicherweise das Joule, das Kilojoule etc.

1 Joule = 1 Wattsekunde = 1/3600 Wh

Die jährliche Energie

Die Zahlenwerte für die jährlich anfallende Solarenergie werden
in kJ/cm^2 ausgedrückt. Die Berechnung der verbrauchten (oder
abgegebenen) Energie erfolgt unter Berücksichtigung der Oberfläche und auch der Dauer der Erzeugung bzw. des Verbrauches
der betreffenden Energie. In diesem Zusammenhang hat man
Karten für die Sonneneinstrahlung der verschiedenen Regionen
des Erdballes, oder eines Landes oder auch nur eines Landesteils aufgestellt. Es sollen hier einige Meßwerte angeführt
werden, die für die Berechnung der Energie herangezogen werden können (siehe *Tabelle 12*).

Tabelle 12 Jährliche Energie pro cm^2

Regionen	kJ/cm^2 pro Jahr
Alaska	300
Grönland	300
Norwegen	300
Nördliches Kanada	400
Frankreich	400
Deutschland	400
Rumänien	400
Sibirien	400
Japan	400
Südliches Kanada	500
Nördliches USA	500
Spanien-Portugal	500
Jugoslawien	500
Schwarzes Meer	500
Nördliches China	500
Korea	500
USA (mittlerer Teil)	600
Nordafrika	600
Kaspisches Meer	600
Indien - Indochina	600
Sahara	700
Indien - Indochina	700
Madagaskar	700
Guayana	700
Sahara	800
Arabien	800
Australien	800

Die *Abb. 6.1* zeigt eine Weltkarte mit Linien gleicher Sonnenenergie-Einstrahlung. Als *Übungsbeispiele* berechnen wir nachfolgend die für verschiedene Oberflächen und unterschiedliche Zeitdauern im Jahr auftreffenden Solarenergien. Man erhält auf diese Weise *Mittelwerte*. Es muß jedoch darauf hingewiesen werden, daß selbstverständlich diese Energie über das Jahr in ständig schwankender Weise anfällt.

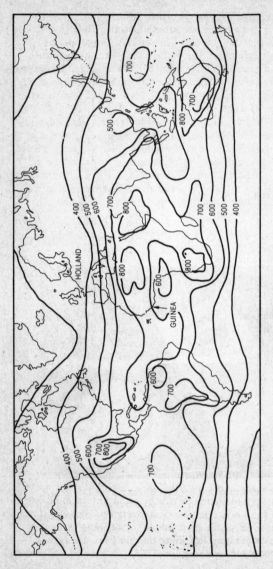

Abb. 6.1

1. In der Nacht erfolgt keine Bestrahlung.

2. Tagsüber ist die Sonneneinstrahlung um 12 h (Sonnenzeit) maximal und ist zu den anderen Uhrzeiten geringer als das Maximum. Dieser Nachteil kann durch eine Vorrichtung zum Nachfahren der Sonne gemildert werden (siehe folgendes Kapitel).

3. Die Energieeinstrahlung ist über das Jahr veränderlich. Sie erreicht im allgemeinen das Maximum im Sommer und ihren Kleinstwert im Winter.

4. Die Energieeinstrahlung schwankt auch mit dem Zustand des Himmels, und in Abhängigkeit der Gase und Dämpfe, die sich auf Grund der Witterung oder industrieller Vorgänge bilden (Wolken, Rauch). Ein Gerät, mit dem man die Sonnenenergie und -intensität messen kann, zeigt *Abb. 6.2*. Die nachstehenden Zahlenbeispiele sollen den Leser mit den Einheiten der Größen, wie Energie, Leistung, Oberfläche und Zeit vertraut machen.

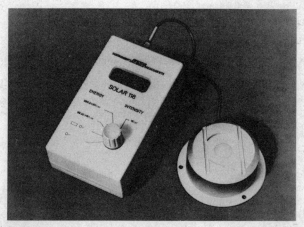

Abb. 6.2 Dieses Instrument mit der Bezeichnung Solar 118 mißt die Sonnenintensität (0 bis 1100 W/m^2) und die Sonnenenergie (0 bis 1000 kWh/m^2). Es besteht aus einem Sensor (rechts im Bild) und einem batteriebetriebenen Integrator mit 4stelliger LCD-Anzeige. Auch bei ausgeschaltetem Gerät bleiben die gemessenen Resultate gespeichert und sind gegen Fehlbedienung geschützt (Foto Haenni & Cie. mbH)

Beispiel 1: In der BR Deutschland strahlt die Sonne jährlich eine mittlere Energie von 400 kJ pro cm² ab. Welche Energie wird monatlich pro cm² aufgefangen?
Antwort: 400/12 = 33,33 kJ = 33333 J auf 1 cm².

Beispiel 2: Wieviel Energie wird in Joule während eines Monats auf 1 m² aufgefangen?
Antwort: 1 m² = 10 000 cm²; die auf 1 m² aufgefangene Energie macht also 33 333 x 10 000 = ca. 33 x 10^7 Joule aus.

Beispiel 3: Die gleiche Aufgabenstellung, aber für eine Aufstellung z.B. in Indien, wo jährlich 600 kJ/cm² anfallen.
Antwort: Man erhält 600/400 = 1,5 mal mehr Energie als in Deutschland. Die oben angegebenen Ergebnisse sind mit 1,5 zu multiplizieren.

Beispiel 4: Unter der — wenn auch falschen — Annahme, daß sich die jährliche Energie gleichmäßig auf alle Tage verteilt, soll die während eines Tages von 24 Stunden auftreffende Energie berechnet werden, für eine Region mit einer jährlichen Einstrahlung E = 400 kJ pro cm².
Antwort: Pro cm² und Jahr erhält man 400 kJ, also pro Tag im Mittel 400/365 = 1,09 kJ pro cm².

Beispiel 5: Entsprechend dem vorstehenden Beispiel sollte man pro 24 Stunden und pro cm² die Energie E = 1,09 kJ erhalten.
Wenn man annimmt, daß die Einstrahlung über 10 Stunden konstant und während 14 Stunden null ist, wieviel Energie wird dann stündlich während der zehn Stunden der Bestrahlung aufgefangen? Man erhält während 10 Stunden 1,09 kJ pro Quadratzentimeter. Die während einer Stunde auffallende Energie ist dann 1,09/10 = 0,109 kJ pro cm².

Beispiel 6: Von der Antwort im vorstehenden Beispiel ausgehend, ist die pro Stunde Sonnenscheindauer und pro Quadratmeter einfallende Energie zu berechnen:
Antwort: 0,109 x 10 000 = 1090 kJ

Elektrizitätsmenge

Diese Größe ist bei der Besprechung der Akkubatterien erwähnt worden. Sie wird beispielsweise in Amperestunden angegeben.

Es ist dies das Maß einer Elektrizitätsmenge, ausgedrückt durch
Q = I · t = Stromstärke mal Zeit.
Man kann auch schreiben: 1 Ah = 3600 Coulomb.
So speichert ein Akku von z.B. 40 Ah eine Elektrizitätsmenge
von

$$Q = 40 \times 3600 = 144\,000 \text{ Coulomb.}$$

Wirkungsgrad

Wenn die Sonneneinstrahlung auf eine Solarzelle auftrifft, so
wird die Solarenergie mit einem Wirkungsgrad von ca. 10 % in
elektrische Energie umgewandelt. Der genaue Wert wird vom
Hersteller für den jeweiligen Typ der Zelle angegeben. Er kann
größer oder kleiner als 10 % sein (der theoretische Wert liegt
über 20 %). Man muß also die entsprechende Solarenergie mit
0,1 multiplizieren, wenn der Wirkungsgrad 10 % ausmacht.

Beispiel: Ein beliebiges Gerät arbeitet 4 Stunden lang und
verbraucht 2 A unter 12 V. Seine Leistung beträgt P = 12 V x
x 2 A = 24 W und die für 4 Stunden erforderliche Energie
macht E = 24 W x 4 h = 96 Wh aus (1 Joule ist gleich 1 Ws),
d.h. es ergibt sich ein Energieaufwand von 96 x 3600 =
345 600 Joule = 345 kJ. Falls der Wirkungsgrad 10 % (oder 0,1)
ausmacht, so beträgt die erforderliche Solarenergie 3456 kJ,
d.h. 10 mal mehr. Es soll angenommen werden, daß an der
betreffenden Stelle eine Energie von 400 kJ jährlich und pro
cm^2 anfällt. Unser Gerät erfordert also in einem Jahr eine
Energie entsprechend der Betriebstage pro Jahr; diese machen
365 aus. Die erforderliche Energie beträgt also:

$$3456 \times 365 = 1\,261\,440 \text{ kJ}$$

Es fällt eine jährliche Energie von 400 kJ pro cm^2 ein.
Die erforderliche Oberfläche S des Solarkollektors ist dann
in cm^2:

$$1\,261\,440 / 400 = 3153 \text{ cm}^2 \text{ oder } 0{,}3153 \text{ m}^2.$$

Falls die Zellen nicht quadratisch sondern rund sind, muß
die Oberfläche S mit einem Korrekturfaktor multipliziert werden,
der selbstverständlich den Wert $4/\pi = 1{,}27$ hat. Zur Sicherheit
nimmt man 1,5 mal den gefundenen Wert, und erhält dann
S = ca. 0,5 m^2. Wenn das Gerät aber über einen Akku versorgt
werden muß, so muß S wegen der Verluste beim Aufladen
und Regeln noch größer gewählt werden. Die Kosten des Solar-

kollektors betragen etwa 50 DM pro erzeugtes Watt. Da unser
Gerät 24 W verbraucht, wäre der Preis des Kollektors also
24 W x 50 DM = 1200 DM. In Wirklichkeit muß der Preis mit 2
multipliziert werden, um die verschiedenen Verluste auszugleichen; er beläuft sich somit auf 2400 DM, zu denen noch
die Kosten für die Aufstellung und den Transport kommen.

Berechnungsbeispiel für einen Solargenerator

Es sollen nun einige Hinweise für die Berechnung gegeben
werden, welche für kleine Leistungen angenähert verwendet
werden können. Damit ist es möglich, sich ein Bild von der
Größenordnung der zu betrachtenden Parameter zu machen.
Für eine genauere Bemessung muß man auf Spezialisten zurückgreifen, die über die theoretischen Daten und über praktische
Erfahrungswerte verfügen. Es ist auch möglich, Computer zur
Berechnung einzusetzen.

Nachstehend wird die praktische, vereinfachte Methode, wie
sie von RTC[1] vorgeschlagen wird, für den Entwurf eines
Generators für Schulfernsehen verwendet (Referenz 1).

Der Solargenerator wird durch folgende Parameter bestimmt.

1. P_S = Spitzenleistung der für die angebotene Anlage vorgesehenen Solarzellen,
2. C = Kapazität der Akkubatterie in Ah,
3. U = Nennspannung des Verbrauchers

Diese Daten können auf Grund nachstehender Hinweise und
Unterlagen bestimmt werden:

a) Die Karte für die am Standort des Solargenerators anfallende Energie. Es ist dazu die weiter oben angegebene Tabelle 6
oder die Karte der *Abb. 6.1* zu verwenden.

Der Nennwert der Verbraucherspannung U kann z.B.
U = 12 V für ein Fernsehgerät oder 24 V für einen Fernsehrelaissender im Gebirge sein, usw.

c) Mittlere Leistung P_m, die vom Verbraucher (dem zu versorgenden Gerät) aufgenommen wird.

d) Betriebsdauer pro Tag von 24 Stunden.

---

[1] Die Firma RTC stellt zwar keine Sonnenzellen mehr her, jedoch
behält die vorgegebene Methode auch weiterhin ihre Gültigkeit.

Spitzenleistung (bei 60 °C)

Man definiert P_S durch die — nicht einheitenrichtige — Faustformel $P_S = 7 \cdot P_m \times 700 /E$, wobei auch $P_S = 4900\, P_m/E$ oder angenähert $P_S = 5000\, P_m/E$ geschrieben werden kann. Die Leistungen werden in der gleichen Einheit ausgedrückt, E ist der Wert der Tabelle 6 in kJ/cm² jährlich. Beispiel: $E = 700$ kJ/cm², $P_m = 1$ W; man erhält damit $P_S = 4900 \times 1/700 = 7$ W. Oder auch mit $E = 400$ kJ/cm² jährlich und $P_m = 10$ W:

$$P_S = 4900 \times 10/400 = 122{,}5 \text{ W}.$$

In der Praxis kann man P_S zwischen 6 und 10 mal der mittleren Leistung P_m ansetzen. Man berechnet danach die Zahl der Solarmoduln, gemäß der Werte von P_S und der Leistung des Moduls, wie sie für eine Temperatur von 60 °C definiert ist. Die Zahl n der Moduln einer Leistung P_m pro Modul ist dann $n = P_S/P_m$. Zum Beispiel: Falls $P_S = 122{,}5$ W und $P_m = 11$ W sind, so erhält man für $n = 122{,}5/11 = 11{,}13$. Man wählt dann $n = 11$ oder 12.

Wahl des Akkus

Die Kapazität des Akkus, der mit dem Solargenerator und dem Verbraucher zusammenarbeiten soll, hängt von der Spannung U des zu versorgenden Gerätes und von der Sonneneinstrahlung ab. Zur Vereinfachung ist E in der *Tabelle 13* durch die geographische Breite des Ortes in Grad ersetzt:

Tabelle 13 (für $P_m = 1$ W)

	5°	10°	20°	40°	60°
12 V		10 Ah	20 Ah	40 Ah	80 Ah
24 V		5 Ah	10 Ah	20 Ah	40 Ah
36 V		3,5 Ah	7 Ah	14 Ah	28 Ah

Beispiel: Ein Solargenerator soll einen Verbraucher von 11 bzw. 12 W versorgen. Der Solargenerator befindet sich in einer Region, durch die der 40. Breitenkreis geht. Die Nennspannung macht $U = 12$ V aus. Es soll nun die mittlere Leistung P_m bestimmt werden. Das Gerät arbeitet z.B. 4 Stunden während eines 24stündigen Tages, was ein Verhältnis von $C = 24/4 = 6$ ergibt. Die Nennleistung ist $P_n = 12$ W. Somit beträgt die mittlere Leistung $P_m = P_n/C = 2$ W. Die Tabelle 13 gibt für $P_m = 1$ W eine Kapazität von 40 Ah an. Für $P_m = 2$ W ist also eine Kapazität von 80 Ah erforderlich.

Einige praktisch realisierte Anlagen

a) Seit 1961 befindet sich eine R.T.C.-Anlage bei der Universität von Chile in Betrieb. Sie umfaßt 144 Modulnn, mit je 36 Zellen von 19 mm Durchmesser. Diese Anlage ist zum elektrolytischen Raffinieren von Kupfer eingesetzt.

Sie liefert 26,5 A unter 3,3 V, bzw. 87,45 W mit einer spezifischen Leistung von 1 kW/m².

b) Leuchtbaken des Jahres 1973; Anlage auf dem Flugplatz von Medine (Saudi Arabien) auf einer Hochebene im Gebirge. Dieser Solargenerator hat folgende Kennwerte:

Nennleistung $P_n = 12$ W
Mittlere Leistung $P_m = 6$ W
Energieeinfall am Standort $E = 750$ kJ/cm² jährlich
Spitzenleistung $P_S = 39$ W
Kapazität der Batterie $C = 400$ Ah bei 12 V.

c) Baken für Seezeichen: Diese sind von den Behörden für die Navigation der Schiffe und Flugzeuge aufgestellt worden und haben folgende Kennwerte:
Nennleistung $P_n = 12$ W
Mittlere Leistung $P_m = 6$ W
Energieeinfall $E = 350$ kJ/cm² jährlich
Kapazität der Batterie: $C = 600$ Ah bei 12 V.

d) Funkbaken des Jahres 1974: Diese sind für die französischen Behörden der Luftnavigation (1967), für die Behörden der Nachrichtenübermittlung STTA im Jahre 1974 und für die Agentur der Luftsicherheit ASECNA von der französischen Firma für Flugausrüstungen SOFREAVIA geliefert worden. Der Solargenerator ist für die Versorgung von FM– und VHF-Baken bestimmt und bietet folgende Kennwerte:

HF-Leistung P_h = 25 W
Nennleistung P_n = 50 W
Mittlere Leistung P_m = 20 W
Einfallende Energie E = 600 kJ/cm² jährlich
Spitzenleistung P_S = 195 W
Kapazität der Batterie C = 200 Ah bei U = 24 V

e) Richtstrahler. Für das CNET und die französische Post ist ein Solargenerator mit folgenden Kennwerten gebaut worden:

Nennleistung P_n = 12 W
Mittlere Leistung P_m = 12 W
Einfallende Energie E = 450 kJ/cm² jährlich
Scheitelleistung P_S = 105 W
Kapazität der Batterie C = 200 Ah bei 48 V.

Es ist darauf hinzuweisen, daß $P_n = P_m$ für eine ständig betriebene Anlage gilt.

f) Pumpstation. Pumpen von Wasser; Anlage in einer Gegend zwischen den 40. Breitenkreisen, an einem Standort, wo die Energie jährlich mit 700 kJ/cm² einfällt. Die Station soll 10 000 Liter Wasser täglich aus Brunnen in 20 m Tiefe fördern (10 000 Liter = 10 Kubikmeter).

Eine E-Pumpe von 400 W ermöglicht es, 2700 Liter Wasser pro Stunde aus 20 m Tiefe zu fördern. Man erhält somit 10 000 Liter bei 4 Betriebsstunden täglich.

Die Energie macht dann 1,5 kWh pro 24 Stunden aus. Die mittlere Leistung beträgt 62 W. Auf Grund dieser Daten hat man eine Leistung von P_S = 430 W ermittelt. Die nutzbare Oberfläche der Solarkollektoren beträgt 5 m². Die Station hat 70 000 DM gekostet und ist hinsichtlich des Preises mit anderen augenblicklich bestehenden und durch Sonnenenergie betriebenen Pumpstationen wettbewerbsfähig.

Anwendungsbeispiele im täglichen Leben

Von der Firma Beiersdorff AG ist unter der Bezeichnung „Prosolar" ein Modellbau-System mit Solarzellen-Antrieb herausgebracht worden. Damit können von Kindern z.B. aus vorgefertigten Holzteilen Radarmasten (*Abb. 6.3*) oder Wasserräder zusammengebaut werden. Als Antrieb dient ein kleines Solar-Kraftwerk (*Abb. 6.4*), das eine Leerlaufspannung von 1,1 V aufweist und unter Belastung einen Strom von

Abb. 6.3 Spielzeugmodell eines Radarmasten, der von Solarzellen angetrieben wird (Beiersdorff AG)

Abb. 6.4 Miniatur-Solarkraftwerk, das unter Belastung (Antrieb eines elektrischen Motors) einen Strom von 150 mA bei 0,8 V abgibt (Beiersdorff AG)

Abb. 6.5 Solarbetriebene Großuhr der Firma Telefonbau und Normalzeit

Abb. 6.6 Solargespeiste Taschenlampe Typ Acculux Solar; ein auch aus dem Stromnetz wiederaufladbarer Akku dient zur Energie-Zwischenspeicherung

Abb. 6.7 Solarzellen-Modul der Firma Ferranti

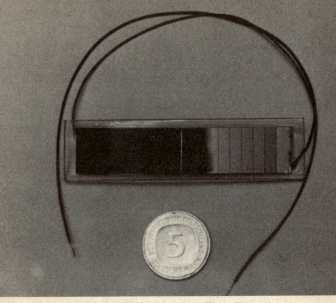

Abb. 6.8 Solarzellen-Modul der Firma Ferranti

150 mA bei 0,8 V abgibt. Der Motor erreicht eine Drehzahl von 35 Umdrehungen pro Minute.

In *Abb. 6.5* ist eine solarbetriebene Großuhr der Firma Telefonbau und Normalzeit dargestellt und *Abb. 6.6* zeigt eine Taschenlampe Typ Acculux Solar mit Solarzellen-Energieversorgung. Sie enthält zudem einen Akkumulator, der laufend von den Solarzellen aufgeladen wird. Die vorgestellten Geräte sind mit Solarzellen der englischen Firma Ferranti bestückt, wie sie in den *Abb. 6.7* und *6.8* dargestellt sind.

Literatur:

1) Dokument RTC.
2) Karte entsprechend derjenigen, die in der ACTA ELECTRONICA vom 20.2.1977 veröffentlicht worden ist. Diese Karte ist von S.H.A. Begemann und P. Jansen aufgestellt worden, und zwar für den Zeitraum von 1976 bis 1985.
3) Dokumentation der Firma Photowatt

7 Verbesserung des Wirkungsgrades der Sonnenzellen

Allgemeines

Wenn eine Sonnenzelle die Sonnenstrahlen aufnimmt, so liefert sie ein elektrisches Gleichspannungssignal, das durch seine Spannung U seine Stromstärke I und folglich durch die entsprechende Leistung $P = U \cdot I$ gekennzeichnet ist.

Die einer Sonnenzelle zugeführte Leistung P_{zu} kann gemessen werden, ebenso wie die abgegebene Leistung P_{ab}. Wenn man P_{zu} und P_{ab} kennt, kann man das Verhältnis

$$P_{ab}/P_{zu}$$

berechnen, das selbstverständlich kleiner als 1 ist.
Der Wirkungsgrad liegt bei einer Größenordnung von 0,1, d.h. bei 10%. In der Praxis aber kann man Solarzellen finden, deren Wirkungsgrad zwischen 5 und 15% (!) liegt. Die heute gebräuchlichen Zellen haben einen Wirkungsgrad, der um die 12,5% beträgt. Die Leistung P_{zu} hängt von folgenden Faktoren ab:

1. von der Beleuchtungsstärke. Dies ist selbstverständlich. Die Druckschriften geben die abgegebene Leistung unter den Bedingungen an, unter denen diese gemessen worden ist. Im allgemeinen wird eine Beleuchtung AM1 genannt, welche einer Beleuchtungsstärke von 1 kW/m² entspricht. In unseren Breiten ist dies eine ausgezeichnete Beleuchtung, über die man nicht zu allen Stunden des Tages verfügt. Sie ist bei schwacher Sonneneinstrahlung natürlich niedriger.

2. vom Winkel zwischen der Normalen auf der Oberfläche der Zelle und den Sonnenstrahlen.

3. vom Entwicklungsstand der betreffenden Sorte von Zellen, wobei die Zusammensetzung, die Reinheit, die Struktur usw. eine wichtige Rolle spielen.

4. von der Wahl der Werkstoffe; man kann beispielsweise folgende Wirkungsgrade für die nachstehenden Sonnenzellen nennen.

Silizium	Beleuchtung	AM1 : 9,9 bis 15,5 %
GaAs	”	AM1 : 12 bis 24 %
Cu_2As	”	AM1 : 8,5 %
InP	”	AM1 : 12,5 %
Cu In Se_2	”	AM1 : 12 %
Cd Te	”	AM1 : 8,1 bis 12 %

Diese Ergebnisse sind unter den besten ausgewählt.

5. Der Gestehungspreis der Zelle hat eine ausschlaggebende Bedeutung. Es ist manchmal besser, eine Zelle mit einem Wirkungsgrad von 10 % aber einem wettbewerbsfähigen Preis zu wählen, als eine Zelle, welche 15 % ergibt, jedoch wesentlich kostspieliger ist.

6. Die Oberfläche der Zelle geht nicht in die Berechnung des Wirkungsgrades ein, denn wenn sie größer ist, werden auch die Leistungen P_{zu} und P_{ab} proportional größer. Die Form der Zelle hat jedoch einen Einfluß auf die Berechnung des Wirkungsgrades, nicht einer einzigen Zelle, sondern eines Kollektors, welcher mehrere Zellen umfaßt, wenn man die Leistung P_{zu} für die gesamte Fläche des Kollektors, und nicht nur der Zellen, betrachtet. Wenn man, wie in *Abb. 7.1* gezeigt, vier runde Zellen betrachtet, die in einem Quadrat angeordnet sind, so hat

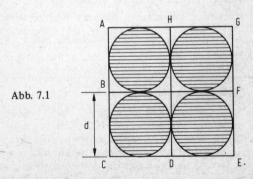

Abb. 7.1

man den Durchmesser d der Zelle. Von einer Oberfläche von
$4 \cdot d^2$ ist nur ein Teil nützlich. Dieser macht πd^2 aus. Bei enger
Anordnung kann das Oberflächenverhältnis 4/3, 14 oder auch
mehr ausmachen. Diese Erscheinung ist mit dem *Stapelfaktor*
zu vergleichen. Bei quadratischen oder rechteckigen Zellen
kommt die nutzbare Oberfläche der Oberfläche des Kollektors
sehr nahe.

7. *Die Konzentration:* Es handelt sich darum, ein optisches
System zu verwenden, mit dem die einer Oberfläche S entsprechende Sonneneinstrahlung auf der kleineren Oberfläche S_C
der Zelle konzentriert werden kann.

Theoretisch ist dieses Verfahren ausgezeichnet, in der Praxis
stößt es jedoch auf mehrere Hindernisse, die später noch dargelegt werden sollen.

8. *Das Nachfahren:* Der Winkel zwischen der Normalen zur
Zelle und der Richtung der Sonnenstrahlen schwankt ständig
zwischen 0 und 90°. Der beste Wirkungsgrad wird erzielt, wenn
dieser Winkel 0° ausmacht. Man kann den Winkel dadurch auf
dem Wert Null halten, daß man den die Solarzellen tragenden
Kollektor von Hand oder motorisch bzw. mit allen anderen,
vorzugsweise automatischen Mitteln, der Sonne nachfährt.

9. *Die Spiegelung:* Sie soll die Sonnenstrahlen auf eine möglichst kleine Zellenoberfläche werfen. Der Wirkungsgrad ist
umso größer, je kleiner die eingespiegelte Fläche ist. Der Wirkungsgrad wird weiterhin von der *Erwärmung* der Zelle, der
Durchsichtigkeit der Schutzschirme und deren *Sauberkeit* beeinflußt. Es müssen auch die Lötverbindungen zwischen den Zellen
und den Klemmen des Verbrauchers sorgfältig ausgeführt
werden.

Einige der aufgezählten Probleme sollen nunmehr im einzelnen behandelt werden.

Beleuchtung und Lichtstrom

In der Solartechnik wird die Aus- bzw. Beleuchtung oftmals
in W/cm^2 angegeben bzw. in Mehrfachen oder Bruchteilen der
Leistung und der Oberfläche, wie z.B. in kW/m^2, kW/cm^2 usw.
In der Optik wird die Beleuchtungsstärke in *Lux* ausgedrückt.
1 Lux ist 1 Lumen pro Quadratmeter. Wenn man diese beiden

Ausdrücke vergleicht, so muß man das *Lumen* als eine *Leistung* ansehen.

In Wirklichkeit ist das Verhältnis zwischen Lumen und Watt je nach der Wellenlänge der betrachteten Lichtstrahlung unterschiedlich. Die *Abb. 7.2* gibt das Verhältnis zwischen Watt und Lumen an (auf der Ordinate und mit der Wellenlänge in Mikrometer als Abszisse). Dieses Verhältnis erreicht seinen Höchstwert von W/lm = 680 für λ = 0,55 μm. Bei diesem Wert entspricht 1 Lumen = 1/680 W oder 1 Watt gleich 680 Lumen. Das Lumen liegt also in der *Größenordnung* des Milliwatt. Man ersieht aus *Abb. 7.2,* daß das Verhältnis W/lm beiderseits von λ = 0,55 μm abnimmt.

In der Folge wird die Ausleuchtung E in Abhängigkeit der Leistung P und der betreffenden Oberfläche gemessen werden.

Die Empfindlichkeit in Abhängigkeit der Wellenlänge

Die spektrale Empfindlichkeit wird durch das Verhältnis des Stromes zur Leistung ausgedrückt, d.h. sie gibt den von der Zelle

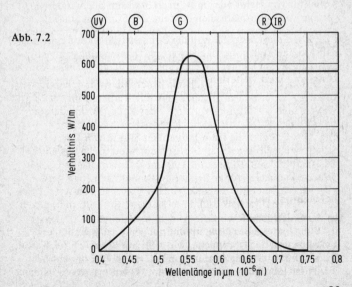

Abb. 7.2

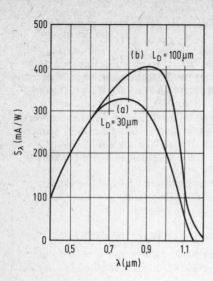

Abb. 7.3 Empfindlichkeit in Abhängigkeit der Wellenlänge

abgegebenen Strom für eine *einfallende* Lichtleistung an. Die *abgegebene* Leistung ist umso höher, je höher die Stromstärke ist, unter der Voraussetzung, daß sich die Spannung der Zelle nicht noch schneller im Gegensinne verändert.

Die spektrale Empfindlichkeit hängt von zahlreichen Faktoren ab, unter denen folgende genannt werden können: Wellenlänge der Strahlung, Aufbau der Zelle, Vorhandensein oder Fehlen einer Antireflexschicht usw.

Die *Abb. 7.3* gibt die Empfindlichkeit S in mA/W für zwei Siliziumzellen ohne Antireflex-Schicht wieder, die aus einem Basismaterial mit 30 μm und 100 μm Diffusionslänge L_D hergestellt waren. Je größer L_D ist, desto mehr Leistung wird abgegeben. So ergibt die a-Kurve (L_D = 30 mm) für λ = 0,8 μm gleich S_λ = 310 mA/W und die b-Kurve (L_D = 100 mm) gleich S_λ = ca. 380 mA/W.

Die Ausgangsspannung nimmt ab, wenn der von der Zelle abgegebene Strom zunimmt. Dies geht aus der *Abb. 7.4* hervor, die für eine Sonnenbestrahlung AM 1 und eine Zelle von 2,6 cm² Oberfläche gilt. Es werden zwei Kurven gezeigt: a) für

Abb. 7.4 Ausgangsspannung in Abhängigkeit des Ausgangsstromes

Abb. 7.5 Winkel zwischen der Normalen auf der Oberfläche und den Sonnenstrahlen

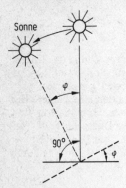

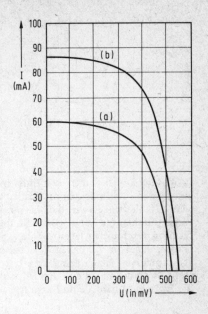

eine weniger gute Zelle, b) für die mit einer Antireflex-Schicht überzogene Zelle. Man erkennt, daß die Zelle, die weniger Licht reflektiert, auch einen besseren Wirkungsgrad hat, da sie bei gleicher Spannung mehr Strom abgibt, bzw. bei gleichem Strom eine höhere Spannung hat, was also einer höheren Leistung entspricht.

Winkel der Sonnenstrahlen gegenüber dem Lot auf der Oberfläche

Die Neigung der Normalen zur Oberfläche in bezug auf die Richtung der Strahlung wird als Winkel φ ausgedrückt (siehe *Abb. 7.5*), so daß man eine äquivalente, aktive Oberfläche erhält:

$$S_a = S \cdot \cos \varphi$$

mit S der wirklichen Oberfläche der Zelle oder des Solarkollektors. Bei $\varphi = 90°$ hat man $\cos \varphi = 0$ und für $\varphi = 0°$ ist der $\cos \varphi = 1$.

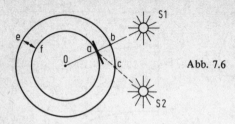

Abb. 7.6

In Wirklichkeit tritt diese Veränderung entsprechend der Uhrzeit ein, da der Solarkollektor ortsfest ist und die Sonne sich bewegt (dank Galilei wissen wir, daß das nur relativ ist!). Auf diese Weise durchlaufen bei $\varphi = 0$ die Sonnenstrahlen eine kürzere Entfernung durch die Erdatmosphäre als bei φ in der Nähe von 90°. Dies ist aus *Abb. 7.6* ersichtlich, auf der die Dicke der Erdatmosphäre e-f gleich dem Weg a-b ist, wenn die Sonne in S1 steht. Befindet sich die Sonne jedoch in S2, so ist der Weg durch die Erdatmosphäre a-c und man hat

$$a\text{-}c > a\text{-}b,$$

so daß die Dämpfung der Ausleuchtung E größer ist, als sie nur dem Winkel φ entspräche. Darüber hinaus nimmt E ab, wenn es vor oder nach 12 Uhr ist.

Sonnenscheindauer und Bestrahlung

Unter Sonnenscheindauer versteht man die jährliche Zahl der Sonnenscheinstunden. Der Himmel ist „klar", wenn das Verhältnis zwischen direkter Bestrahlung und Gesamtbestrahlung (direkte und diffuse) besser als 0,8 ist.

Die Karte der *Abb. 7.7* zeigt die Kurven gleicher *jährlicher Sonnenscheindauer* der Erde. Die Sonnenscheindauern sind in Hunderten von Stunden angegeben; so beträgt zum Beispiel in Deutschland die mittlere Sonnenscheindauer etwa 1600 h, dargestellt durch die Kurve 16.

Die Sonne ist 4380 Stunden sichtbar, d.h. die Hälfte der Stunden in einem Jahr, welche 8760 ausmachen. Der Faktor der Sonnen-

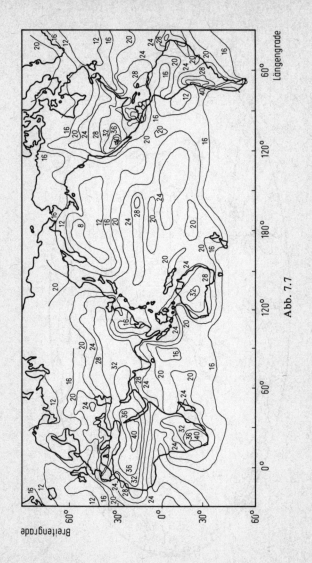

Abb. 7.7

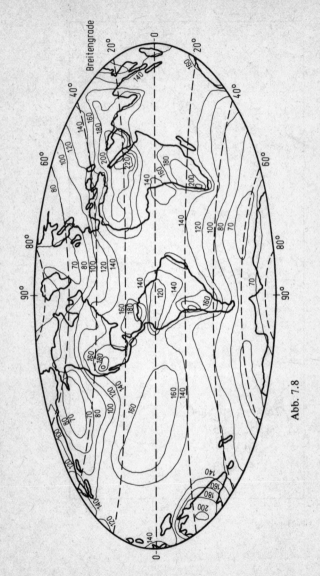

Abb. 7.8

scheindauer liegt zwischen 0,9 (4000 Stunden jährlich) und weniger als 0,2.

Selbstverständlich können die Angaben der *Abb. 7.7* nicht genau sein; sie geben nur einen Überblick über die Sonnenscheindauer an den verschiedenen Stellen des Erdballes. Auf dieser Karte sind die Breiten- und die Längengrade eingezeichnet. Die Sonnenscheindauer erreicht in der Sahara, in Kalifornien, in Chile und in Peru ihren Höchstwert und ist im nördlichen Pazifik am kürzesten. Bei vollkommenem Fehlen einer Wolkenbildung würde man ca. 4380 Stunden jährlich haben. Man findet für Zentralafrika die Kurve 40 (4000 Stunden).

Wir wollen hier die *Bestrahlung* definieren. Es ist dies die gesamte Energie, die in einem gegebenen Zeitabschnitt auf der Oberflächeneinheit einfällt. Man hat z.B. die Bestrahlung $H_e = 10^5$ J/m² und pro Tag. Dieser Wert von H_e entspricht einer mittleren Ausleuchtung bzw. Bestrahlungsstärke von 116 W/m² und einer *jährlichen* Bestrahlung von $3,65 \times 10^9$ J/m². Die Karte der *Abb. 7.8* zeigt die jährliche Bestrahlung der Erde in Bodenebene. Die Wertangaben verstehen sich für eine mittlere tägliche Bestrahlung von 10^5 J/m².

Bündelung und Nachfahren

Die Konzentration bzw. Bündelung der Sonnenenergie auf der aktiven Oberfläche der Zelle kann mit allen herkömmlichen Verfahren, wie Linsen und Spiegeln, vorgenommen werden.

Es muß jedoch darauf hingewiesen werden, daß sich dieses Problem wegen der wechselnden Einfallrichtung der Sonne

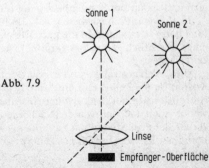

Abb. 7.9

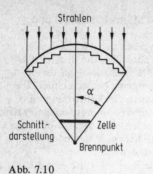

Abb. 7.10

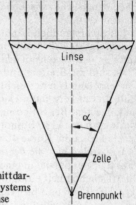

Abb. 7.11 Schnittdarstellung eines Systems mit Fresnel-Linse

kompliziert. Dies geht aus der *Abb. 7.9* hervor. Wenn die Sonne in der Stellung 1 ist, so fällt ein Maximum des von der Linse gesammelten Lichtes auf die empfindliche Fläche. In der Stellung 2 der Sonne hat sich die Ausrichtung zwischen den drei Elementen verändert und das konzentrierte Licht fällt nur noch auf einen Teil der empfindlichen Fläche. Man kann diesen Versuch mit einer Taschenlampe, einer Linse einer beliebigen Vergrößerung und einem kleinen runden Gegenstand simulieren, der die Oberfläche der Sonne darstellt. Die Konzentration muß also zusammen mit einem Nachfahren erfolgen; mit anderen Worten, die Linse und die empfindliche Oberfläche müssen gleichzeitig mit der Sonnenbewegung verdreht werden.

Es ist wesentlich zu wissen, daß das Interesse der Lichtbündelung darin liegt, daß man die gleiche elektrische Leistung mit einer wesentlich geringeren empfindlichen Oberfläche der Sonnenzellen erzielt.

Diese Verringerung ist interessant, solange die geringeren Kosten für die Zellen und die zusätzlichen Kosten für die Konzentriermittel zu einer Senkung der Ausgaben führen. Die Spezialisten weisen auch noch auf weitere Nachteile hin. Für die Bündelung verwendet man Spiegel mit „abbildenden Stufen", die aus parabolischen Kränzen, aus konischen Spiegeln oder aus torischen Spiegeln bestehen.

Für die Konzentration werden häufig Fresnel-Linsen verwendet. Falls man eine Bündelung vornimmt, kann die Ausbringung sehr viel höhere Werte als ohne Konzentration annehmen. Es muß noch gesagt werden, daß die optischen Systeme einen Verlust an Licht hervorrufen, der eventuell die erzielte Verbesserung wieder aufheben kann.

Die *Abb. 7.10* zeigt eine Bündelungsvorrichtung mit einer plan-konvexen Fresnel-Linse. Die *Abb. 7.11* ist eine Schnittdarstellung eines Linsensystems.

Konzentrations- und Nachfahrsystem ohne Stromverbrauch

In einer Solaranlage muß man jeden Energieaufwand so klein wie möglich halten, um die anfallende Energie optimal für den Verbraucher, d.h. für die zu versorgenden Geräte, aufzusparen.

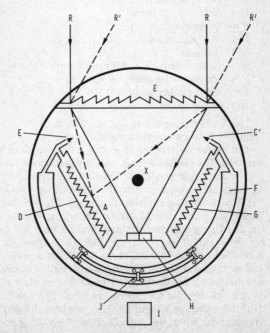

Abb. 7.12

Ein kombiniertes Gerät zum Konzentrieren und Nachfahren, dessen Bewegung unmittelbar von der Sonnenenergie verursacht wird, ist von ITT entwickelt worden. Die *Abb. 7.12* zeigt eine Schnittdarstellung des Gerätes. Sein Erfinder hat es als das *Sonnenauge* (solar eyeball) bezeichnet. Dieser Modul für die Umwandlung der Sonnenenergie in elektrische Energie weist ein System aus GaAs-Sonnenzellen auf, welche die in einer Fesnel-Linse gesammelten Sonnenstrahlen aufnehmen, so daß insgesamt eine höhere Ausbringung erzielt wird. Das Nachfahren erfolgt automatisch durch eine magnetische Vorrichtung, die durch eine differentielle thermische Wirkung, entsprechend dem „Wandern" der Sonne, gesteuert wird. Die Buchstaben in *Abb. 7.12* haben folgende Bedeutung:

R = die in der Achse einfallenden Sonnenstrahlen
R'= die schräg einfallenden Sonnenstrahlen
X = die Drehachse des Systems
CC'= Anschluß zum Ventil
D = Wärmeempfänger
E = Fresnel-Linse
F = Nachfahrrohr
G = Fenster
H = Solarzellen auf Kühlkörpern zum Ableiten der Wärme
I = Permanentmagnet, ortsfest, außen
J = Beweglicher Magnet
A = Gasbehälter

Die Arbeitsweise dieses automatischen Systems kann vereinfacht wie folgt beschrieben werden:
Die beiden Solarzellen H sind in Reihe auf dem Kühlkörper montiert. Die Gasbehälter A und B haben große Abmessungen und sind mit durchsichtigen Fenstern versehen, welche die Sonnenstrahlen durchlassen. Diese erwärmen das Gas in dem Behälter, in den sie eindringen können. Die Abbildung der Sonne wirkt also sowohl auf die Zellen zur Abgabe von elektrischer Energie an den Verbraucher, als auch auf das Gas, für die Nachfahroperation, ein. Falls das System gut der Sonne gegenüber ausgerichtet ist, so herrscht zwischen den beiden Teilen links und rechts Gleichgewicht. Falls die Sonne „wandert", so erhält einer der Gasbehälter mehr Wärme als der andere, so daß sich das Gas dort mehr ausdehnt. Das erwärmte Gas tritt dann teilweise aus seinem Behälter aus und strömt in das halbkreisförmige Rohr, das unten auf der Abbildung zu sehen ist.

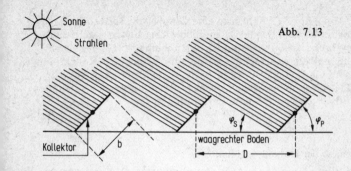

Abb. 7.13

In diesem Rohr findet man, von rechts nach links, den magnetischen Kolben und den beweglichen Magneten. Dank des äußeren, ortsfesten Permanentmagneten I verdreht sich dann das ganze System und fährt also der Sonnenbewegung nach. Der sphärische Behälter schützt das Ganze gegen die Witterungsunbilden, wie Feuchtigkeit, Meeresluft, Sand usw. . Alle Bewegungen werden durch die Sonnenwärme veranlaßt.

Das Ventil ist zwischen den Punkten C und C' angeordnet, und trägt zum Nachfahren der Sonne durch die heliostatische Anordnung bei.

Für weitere Einzelheiten kann man sich auf die ausgezeichnete Darstellung von D.H. Masch der ITT-Prüfanstalt Harlow in Essex (England) beziehen, die in der FUNKSCHAU erschienen ist. Das System zum Konzentrieren und Nachfahren ist aus wenig kostspieligen Werkstoffen aufgebaut.

Nachfahren mit Motorantrieb

Für Systeme hoher Leistungen, und somit mit einer gewissen Anzahl von Solarkollektoren großer Abmessungen, kann man andere Nachfahrvorrichtungen entwerfen, wie im folgenden Beispiel gezeigt, bei dem es sich um ein *Nachfahren mit motorisiertem Antrieb* handelt.

Dieses System ist von G.J. Naaijer in der *Acta Eletronica* vom 20.2.1977 auf Seite 183 vorgeschlagen worden. Es weist keine Konzentrierung des Lichtes auf. Es ist somit einfacher, billiger und kann bei bestehenden Kollektoren zum Einsatz kommen.

In *Abb. 7.13* sieht man eine Gruppe von Solarkollektoren, die unter dem Winkel φ_p gegenüber dem Boden geneigt sind, während die Sonnenstrahlen einen Winkel von φ_s gegenüber demselben, waagrechten Boden einschließen. Die Kollektoren sind um D voneinander entfernt. Diese Entfernung wird so festgelegt, daß sich die Kollektoren nicht gegenseitig abdecken. Ein guter Wert für diese Entfernung ist

$$D = 4b$$

mit b der Höhe des Kollektors.

Ein motorisiertes Antriebssystem wirkt auf die Neigung φ_p der Kollektoren ein. Um 12 Uhr müssen die Kollektoren waagrecht sein. Die *Abb. 7.14* zeigt die Ergebnisse, die zu den verschiedenen Tageszeiten zwischen 6 und 18 Uhr erzielt werden. Die obere Kurve gibt an, daß die Leistung von 7 h 30 bis 16 h 30 konstant bleibt. Die untere Kurve weist eine erst ansteigende, und dann abfallende Leistung, mit einem Maximum für 12 Uhr, aus. Falls die Anlage mehrere Kollektoren umfaßt, kann es die von den Zellen insgesamt gelieferte Leistung erlauben, den Antriebsmotor für die Neigung der Felder zu versorgen.

Anwendungen bei geringer Leistung

In dem vorher erwähnten Artikel von G.J. Naaijher werden auch einige Prinzipschaltungen für eine kleine Anzahl von Zellen angegeben, die für Experimente und auch gewisse Anwendungen geeignet sind.

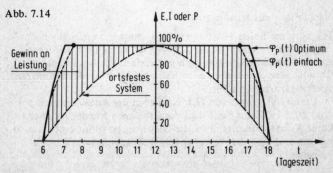

Abb. 7.14

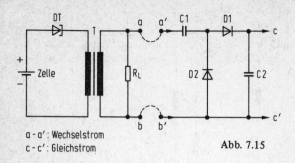

a-a': Wechselstrom
c-c': Gleichstrom

Abb. 7.15

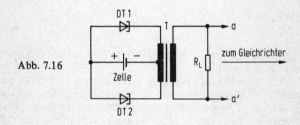

Abb. 7.16

Zunächst sei ein Gleichstrom-Gleichstrom-Wandler besprochen, der mit einer einzigen fotovoltaischen Zelle arbeitet (*Abb. 7.15*). Der Schwinger besteht aus einer Germanium- oder GaAs-Tunneldiode DT, zusammen mit einer Oszillator-Transformatorwicklung, die an den Klemmen a-a' von R ein Wechselstromsignal abgibt. Wenn man a-b und a'-b' verbindet, so ergänzt man die Schaltung mit einem Spannungsverdoppler mit den Dioden D1 und D2 und einer Siebung durch C2. Das Gleichspannungssignal liegt an c-c' an. Wenn man die Kennwerte der Zellen mit denjenigen der Tunneldioden vergleicht, so stellt man fest, daß man durch die Wahl dieser Dioden, dank deren negativen Widerstandes, gute Ergebnisse erzielen kann. Bei dieser Schaltung ist die Ausgangsspannung ziemlich konstant, da der Wirkungsgrad *abnimmt*, wenn die Lichtstärke *zunimmt*.

Die *Abb. 7.16* zeigt eine analoge Schaltung mit zwei Tunneldioden. Bei beiden Schaltungen kann die Übersetzung des Transformators so gewählt werden, daß man sekundärseitig die gewünschte Spannung erhält, und dies von einigen Volt bis zu

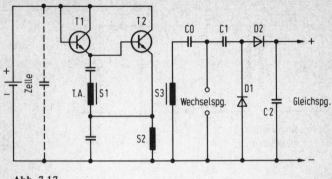

Abb. 7.17

mehreren Hundert Volt, selbstverständlich immer mit einer niedrigen Leistung.

Mit Transistoren kann man Sperrschwinger unter Verwendung von Oszillator-Transformatorwicklungen herstellen, wie dies in *Abb. 7.17* angegeben ist. Der als Diode geschaltete Transistor T1 spannt die Basis von T2 vor. Man kann einen Gleichstrom hinter dem Gleichrichter erhalten, oder einen Wechselstrom an den Klemmen von S3 oder hinter C_o.

Schutz der Zellen durch Dioden

Wenn eine größere Anzahl von Zellen eingesetzt werden muß, um die abgegebene Leistung zu erbringen, nimmt man Reihen-, Parallel- oder kombinierte Reihen- und Parallelschaltungen vor. Die Schutzdioden sind bei allen drei Schaltungsweisen der Zellen erforderlich.

Bei Parallelschaltung ohne in Reihe liegende Diode kann es vorkommen, daß ein schlecht beleuchteter Zweig von dem Strom aus den besser beleuchteten Zweigen durchflossen wird. Bei den Reihenschaltungen ohne parallel liegende Diode kann eine schlecht beleuchtete Zelle einer zu hohen Gegenspannung ausgesetzt werden sein.

Prüfung des Reflexionsfaktors

In der Schaltung, deren Schema in *Abb. 7.18* gezeigt ist, werden drei Halbleiterbauelemente verwendet, und zwar ein Timer 555

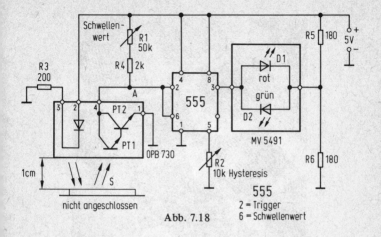

Abb. 7.18

mit 8 Anschlüssen, eine Reflex-Lichtschranke OPB 730, mit einer LED für die Aussendung des Lichtes und einem Fototransistor für den Empfang des Lichtes. Das dritte aktive Element wird durch ein MV 5491 dargestellt, das zwei Leuchtdioden enthält, eine rot und die andere grün, die gegenparallel geschaltet sind. Der Fototransistor ist in Wirklichkeit ein Fotodarlington aus einem NPN-Transistor am Ausgang, dem ein Fototransistor vorgeschaltet ist. Die Oberfläche, deren Reflexionsfaktor man prüfen will (was auch auf die Prüfung des Faktors für die Absorption des Lichtes hinausläuft), wird durch S dargestellt und muß in 1 cm Entfernung von der Schaltung OPB 730 aufgestellt werden.

Dieses Gerät ist besonders für die Prüfung von Solarzellen bestimmt. Es kostet nicht sehr viel und ermöglicht eine schnelle Prüfung einer großen Zahl von Prüflingen S, welche einer nach dem anderen an derselben Stelle aufgelegt werden bzw. am OPB 730 vorbeigeführt werden. Die Beobachtung erfolgt durch das Aufleuchten der einen der beiden LED des MV 5491. Man erhält die Angabe „gut" oder „schlecht" für die Solarzelle.

Es ist bekannt, daß bei einer Solarzelle S die lichtempfindliche Schicht mit einer Antireflex-Schicht überzogen ist (*Abb. 7.19*), um einen möglichst hohen Wirkungsgrad der Zelle zu erhalten.

Abb. 7.19 Einer der Faktoren, den elektrischen Wirkungsgrad der Zellen zu vergrößern, ist die Verminderung von Lichtverlusten durch Reflexion. Hierfür wird jedes Bauelement durch Bedampfen optisch vergütet. Das Bild zeigt die Entnahme der Zellen aus dem Aufdampfkarussell
(Foto AEG–Telefunken)

Dieser Wirkungsgrad ist das Verhältnis der einfallenden zur abgegebenen Leistung und ist unmittelbar dem Sonnenschein proportional, die in Elektrizität verwandelt wird. Diese letztere ist gleich K (1 − R) mit K einer Konstante und R dem Reflexionsfaktor der Antireflex-Schicht der Zellenoberfläche. Der Wert von R kann bei Raummodellen zwischen 0,015 und 0,03 liegen. Falls R = 0,05 ist, so kann die Zelle in dieser Kategorie als unzureichend betrachtet und zum Ausschuß getan werden. In der

Schaltung nach Abb. 7.18 enthält die Lichtschranke eine Leuchtdiode D, welche Infrarotstrahlen abgibt, und einen Fotodarlington-Empfänger, der die von der Oberfläche der Zelle 2 mehr oder weniger gut reflektierten Strahlen aufnimmt. Mit dieser Anordnung kann man überprüfen, ob der Wert von R über die vorgenannte zulässige Grenze hinausgeht. Die beiden Elemente OPB 730 und S werden so angeordnet, daß sie gegen den Einfall äußeren Lichtes sowie auch gegen das von den Leuchtdioden am Ausgang kommende Licht geschützt sind. Ein Teil des von der LED ausgesandten Infrarotlichtes wird auf den Fototransistor des Fotodarlington zurückgeworfen. Für die Antireflex-Schicht werden oft folgende Materialien verwendet: $Ti\,O_2$, $Tr\,O_2$ oder $Ce\,O_2$, d.h. Titan-, Zirkonium- oder Zerbioxid. Falls diese Schicht eine hohe Antireflexwirkung hat, so steigt die Spannung im Punkt A (dem Punkt 4 des OPB 730, der an den Punkten 2 - 6 des 555 liegt) und übersteigt den durch R1 = 50 kΩ eingestellten Schwellenwert.

Unter diesen Bedingungen liefert der als Schmitt-Trigger geschaltete 555 am Ausgang 3 einen niedrigen Spannungspegel. Das führt zum Aufleuchten der grünen Diode, da deren Katode dann an einer niedrigeren Spannung als die Anode liegt.

Es wird darauf hingewiesen, daß die Anode von D2 und die Katode von D1 zusammen an einem Punkt des Spannungsteilers R5–R6 liegen, d.h. an einer Spannung von ca. 2,5 V, falls die Versorgungsspannung wie vorgesehen 5 V ausmacht. Falls die Spannung im Punkt A unter dem durch R1 vorgegebenen Schwellenwert liegt, was ein Zeichen für einen hohen Reflexfaktor R und damit für eine Ausschußzelle ist, so liegt der Ausgang 3 des 555 auf einem hohen Spannungspegel und es leuchtet nur die rote Diode D1. Mit dem Widerstand R 2 wird die Hysteresis des Schmitt-Triggers eingestellt. R1 und R2 müssen praktisch im Versuch mit einer Zelle abgeglichen werden, die vorher mit einem Präzisions-Meßgerät genau ausgemessen wurde, oder von der der Energie-Wirkungsgrad schon bestimmt worden ist. Falls dieser Wirkungsgrad zufriedenstellend ist, wird diese Zelle als Kalibriernormal zum Abgleich von R1 und R2 verwendet, die danach zur Prüfung der anderen Zellen des gleichen Typs unverändert bleiben. Die grundsätzliche Arbeitsweise dieses Gerätes kann für den Entwurf ähnlicher Schaltungen in anderen Anwendungen verwendet werden.

Literatur:

1) Der Aufbau von Solarzellen von E. Fabre (Acta Electronica 20.2.77).
2) Die Sonnenstrahlung, von R. Devignes (Acta Electronica 18.4.75).
3) Allgemeine Betrachtungen über einfache Konzentrationsmittel für fotovoltaische Zellen (Acta Electronica 20.2.77).
4) Artikel von D.H. Masch (Funkschau, 21. April 1978 und die folgenden Nummern).
5) Probleme der Anpassung von Solarzellen an terristrische Anwendungen, von G.J. Naaijer (Acta Electronica 20.2.77).
6) Electronics, Band 51, Nr. 9, von Sudarshan Sarpangal (Indien) vorgeschlagene Schaltung.

8 Kleine Prüfschaltung für Solarzellen

Einleitung

Dieses Kapitel wendet sich mehr an Amateure, die sich mit der Verwendung von Solarzellen vertraut machen wollen. Diese Personen können sich oftmals keine sehr große Anzahl von Zellen, entweder einzeln, oder in Modulen zusammengefaßt, beschaffen.

Sie finden im Handel einzelne Zellen, die im allgemeinen einige Zehntel Volt bei einem Strom abgeben können, der je nach dem angebotenen Typ zwischen 100 mA (oder weniger) und 0,75 A und mehr liegen kann.

Angesichts der niedrigen Spannung U (weniger als 0,45 V) der meisten Zellen wird der Experimentator gezwungen sein, sich eine gewisse Anzahl von Zellen zu beschaffen, um durch Reihenschaltung die erforderliche Spannung zu erreichen. Um 5 V zu erzielen, wird mit U = 0,4 V eine Anzahl n = 5/0,4 = 12,5, also ca. 12 oder 13 Zellen gebraucht. In Wirklichkeit muß man über eine höhere Zahl als berechnet verfügen, da sehr oft die Sonneneinstrahlung unter derjenigen für 0,4 V liegt. Man schlägt also 20 % auf n auf. In unserem Beispiel erhält man also n = 13 x 1,2 = = 15,6, was praktisch 15 oder 16 Zellen ausmacht. Was die Stromstärke anbelangt, so wählt man Zellen, welche die für die Versuchsschaltungen erforderliche maximale Stromstärke abgeben, z.B. 0,1 A oder 0,5 A oder mehr.

Es ist darauf hinzuweisen, daß eine Zelle, die für einen gewissen maximalen Strom I_{max} vorgesehen ist, auch denn genauso gut arbeitet, wenn sie nur einen unter I_{max} liegenden Strom abgibt.

Wahl der Prüfschaltungen

Für den Amateur sind zwei Sorten von Schaltungen von Interesse.
1. Schaltungen mit niedriger Versorgungsspannung
2. Schaltungen, die auch bei veränderlicher Versorgungsspannung einwandfrei arbeiten.

Die ersteren sind wirtschaftlich und erfordern nur eine geringe
Anzahl von in Reihe zu schaltenden Solarzellen; die zweiten
ermöglichen es, sich über das Verhalten bei Spannungsschwankungen klar zu werden, da dies ein gängiger Fall für die Solarzellen ist, die ohne Regler und ohne Akkubatterien arbeiten.

Simulierung der Sonne

Für die Experimentatoren ist die Sonne nicht unerläßlich. Eine
Wolframlampe ergibt ein Spektrum, das demjenigen der Sonne
nahekommt.

Es kann jedoch darauf hingewiesen werden, daß normale
elektrische Glühlampen einer ausreichenden Leistung von 100 W
und mehr beim Experimentieren mit Sonnenzellen ausgezeichnete
Ergebnisse bringen. Die Spannung der Zellenanordnung wird dadurch beeinflußt, daß man die Ausrichtung der Zellen, oder
deren Entfernung zur Lichtquelle verändert, soweit eine künstliche
Lichtquelle verwendet wird.

Prüfung der Spannung und des abgegebenen Stromes

Es wird eine Reihe von Zellen angenommen, die einen Nennwert
von 5 V bei 0,1 A hat. Es wird eine Anzahl von n Zellen von
0,4 V und 0,1 A oder darüber gebraucht. Der Wert von n ergibt
sich zu 13 und man kann sich, wie weiter oben ausgeführt,
16 Zellen beschaffen. Es ist die in *Abb. 8.1* gezeigte Schaltung
für die Stromversorgung zu wählen. Die Zellen sind auf einer
rechteckigen Fläche so angeordnet worden, daß die Oberfläche
des Kollektors einem Quadrat nahe kommt. Die Stromquelle S,
soweit sie künstlich ist, liefert dann angenähert dieselbe Lichtmenge an die sechzehn Zellen.

Die von den Zellen zwischen den Ausgangsklemmen + und –
abgegebene Spannung des so hergestellten Moduls liegt in *der
Größenordnung von 5 V,* während die wirkliche Spannung von
der Lichtstärke der Quelle abhängt.

Die *Abb. 8.2* zeigt den Anschluß einer Zelle. Die „Fahne"
stellt den negativen Pol und der Rücken den positiven Pol dar.
Eine Messung mit dem Voltmeter ermöglicht es, die Polaritäten
beliebiger, im Versuch stehender Zellen festzustellen.

*Ein Irrtum hinsichtlich der Polarität kann das zu versorgende
Gerät zerstören.* Die *Abb. 8.3* zeigt die Versuchsschaltung für die

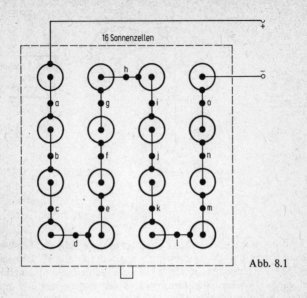

Abb. 8.1

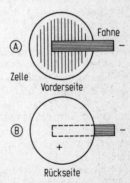

Abb. 8.2 Polarität der Seiten einer Zelle (am Beispiel der RTC-Zelle)

Versorgung eines Gerätes A durch eine Reihenschaltung von Zellen. Es sind zwei Fälle zu unterscheiden:

1. Fall: Die Lichtquelle ist die Sonne
2. Fall: Die Lichtquelle ist eine Lampe

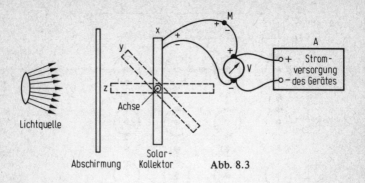

Abb. 8.3

Die Einstellung der Spannung erfolgt in unterschiedlicher Weise, je nach dem Fall. Nehmen wir als erstes die Sonne als Lichtquelle an. Die Entfernung vom Modul bis zur Sonne kann als unendlich angesehen werden. Man nimmt die Abschirmung weg und der um eine Achse drehbare Kollektor ist so einzustellen, daß eine Oberfläche zu den Sonnenstrahlen parallel ist (Stellung z). Auf diese Weise wird der Modul nur schwach beleuchtet, und die Spannungen an den Klemmen des Voltmeters und des Verbrauchers ist niedriger als gewünscht.

Durch Verdrehen des Moduls um seine Achse wird der Winkel zwischen den Strahlen und der lichtempfindlichen Fläche erhöht, und die Spannung nimmt auch zu, bis sie ein Maximum für einen Winkel von 90° erreicht, d.h. wenn die Strahlen senkrecht auf die Oberfläche des Moduls auftreffen (Stellung x). Die Veränderung der Stellung ist jedoch allmählich vorzunehmen, so daß man den Versuch beenden kann, wenn die gewünschte Spannung erreicht ist.

Im zweiten Fall, bei Verwendung einer künstlichen Lichtquelle, beträgt die Entfernung zwischen der Lichtquelle und dem Modul etwa 50 cm, ein Verdrehen des Moduls ist nicht empfehlenswert, weil dann gewisse Zellen der Lichtquelle näher wären als andere.

Die beste Lösung ist es, eine undurchsichtige Abschirmung ganz nahe der Lichtquelle anzubringen, so daß man den austretenden Lichtfluß, wie in *Abb. 8.3* gezeigt, verändern kann.

Zu Beginn des Versuches deckt der Schirm die Lichtquelle ganz ab, so daß die Spannung auf dem Kleinstwert ist. Es sind auch andere Verfahren möglich, mit Projektoren wie sie für Diapositive verwendet werden, vor die man dann eine Abschirmung setzt. In diesem Falle ist darauf zu achten, daß alle Zellen gleichmäßig und *nicht zu stark* ausgeleuchtet werden, da unter einer konzentrierten und zu starken Bestrahlung die abgegebene Spannung zu hoch werden könnte, mit der Gefahr einer Beeinträchtigung des versorgten Gerätes oder gar der Zellen.

Unter Hinweis auf die *Abb. 8.1* ist es möglich, falls die erforderliche Versorgungsspannung sehr viel niedriger ist als die gesamte vom Modul abgegebene Spannung, den Plus-Pol an einen Zwischenpunkt der Reihenschaltung, z.B. an a, b, c usw. zu legen (siehe die Beispiele für Prüfschaltungen).

Signalformer

Es handelt sich hier um eine Schwingschaltung, die Rechtecksignale liefert, die reich an ungeraden Oberschwingungen sind. Das Schema dieser kleinen Schaltung findet sich in der *Abb. 8.4*. Man wählt zwei PNP-Transistoren des Typs 2N1639. Mit den in der Schaltung eingetragenen Werten erhält man ein Signal mit einer Frequenz von ca. 1000 Hz. Die Frequenz ist zu R3 und R6 umgekehrt proportional. So erhält man z.B. mit R3 = R6 = 470 kΩ eine Frequenz f = 100 Hz.

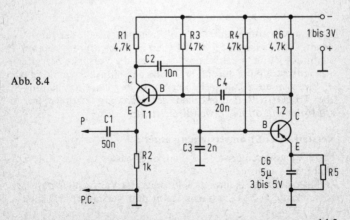

Abb. 8.4

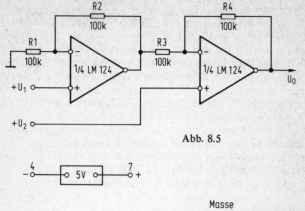

Abb. 8.5

Abb. 8.6 Integrierte Schaltung, Ansicht von oben

Diese Schaltung kann von 1 V Spannung bis 3 oder gar 4 V arbeiten und kann mit 3 bis 9 Zellen in Reihe erprobt werden. Die Spannung ist nicht kritisch, so daß man die Versuche bei guter Sonnenbestrahlung durchführt, ohne daß ein Abgleich nötig wäre.

Ehe man die Sonnenzellen kauft, sollte man die Schaltung über Trockenbatterien mit niedriger Spannung versorgen, um zu kontrollieren, ob sie einwandfrei arbeitet.

Verstärker für Stromversorgung unter 5 V

Für 5 V muß man etwa 14 Zellen, oder besser 16, wie in *Abb. 8.1* angegeben, anordnen.

Mit einer oder mehreren Sektionen des Vierfach-Operationsverstärkers LM 124 kann man leicht drei Verstärker aufbauen.

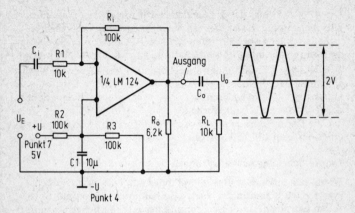

Abb. 8.7 Beispiel eines invertierenden Verstärkers unter Verwendung einer Sektion des LM 124. Die maximale Ausgangsspannung beträgt 2 V bei $R_L = 10\,\Omega$

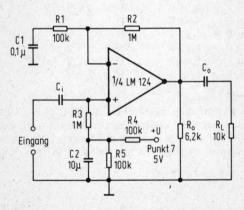

Abb. 8.8 Nichtinvertierender Verstärker, unter Verwendung einer Sektion des LM 124

Die *Abb. 8.5* zeigt das Schema eines Differenzverstärkers für Gleichspannung. Es ist dies ein Verstärker mit hoher Eingangsimpedanz, der zwei Sektionen des LM 124 verwendet. Die Stiftanordnung der integrierten Schaltung ist in der *Abb. 8.6* gezeigt.

Die *Abb. 8.7* stellt einen invertierenden Verstärker für Wechselspannung dar, der nur eine Sektion der integrierten Schaltung verlangt. Ein nicht invertierender Verstärker kann nach dem Schema der *Abb. 8.8* aufgebaut werden.

Zur Übung kann man alle drei Verstärker unter Verwendung eines einzigen LM 124 aufbauen.

Empfohlene Versuchsschaltungen

Wenn man einen Rundfunkempfänger mit Transistoren oder integrierten Schaltungen besitzt, so kann man diesen mit Solarzellen betreiben, unter Berechnung der erforderlichen Anzahl nach den weiter oben gegebenen Hinweisen.

Die Zellen von 0,7 A für eine Spannung von 0,4 V pro Zelle (in Reihenschaltung) erbringen folgende Leistungen:

1 Zelle	P =	0,28 W	U =	0,4 V
2 Zellen	P =	0,56 W	U =	0,8 V
3 Zellen	P =	0,84 W	U =	1,2 V
4 Zellen	P =	1,12 W	U =	1,6 V
5 Zellen	P =	1,40 W	U =	2 V
6 Zellen	P =	1,68 W	U =	2,4 V
7 Zellen	P =	1,96 W	U =	2,8 V

und so weiter . . .

Für 12 V sind 30 Zellen erforderlich, die RTC–Moduln sehen aber 34 vor, unter Berücksichtigung der Beleuchtungsstärken in unseren Regionen. Die Leistung des Moduls PBX47A schwankt je nach der Ausleuchtung zwischen 9 und 15 W (siehe Kapitel 2).

Sachverzeichnis

A
Abgeglichener Betrieb 71
Abschirmung 114
Akkumulator 23, 49, 60
Alterung 15
Aräometer 62
Aufheizung 44

B
Bandzellen 39
Batterie-Arten 48
Batterie-Ladeschaltung 49
—Überwachung 57
Beleuchtungsstärke 13, 14, 25, 92
Bestrahlung 99
—stärke 46
Bleibatterie 62

D
Differenzverstärker 118

E
Elektrizitätsmenge 62
Energie|band 10
—einstrahlung 77

F
Fenster-Diskriminator 57
Foto|diode 11
—transistor 107

G
Gleichstrom-Gleichstrom-Wandler 105

I
Innenwiderstand 63

K
Kurzschlußstrom 12

L
Ladekoeffizient 67
Lebensdauer 15, 48
Leerlaufspannung 12
Leuchtanzeige 57
Lichtschranke 107

N
Nebenschlußregler 54
Nickel-Cadmium-Akkumulator 64
Nickel-Eisen-Akkumulator 64, 70

O
Operationsverstärker 116

P
Parallel|regler 54
—schaltung 21
Photon 9
PN-Sperrschicht 9

R
Reflex|ionsfaktor 106
—schicht 47
Regler 49, 54
Reihenschaltung 21

S
Säurewaage 62
Schmitt-Trigger 109
Schutzdiode 54
Schwimmender Betrieb 72
Sieben-Segment-Anzeige 57
Signalformer 115
Silber-Zink-Akkumulator 71
Siliziumdiode 11
Solar|energie-Anwendungen 30
−generator 75
−-Kraftwerk 85
−modul 16, 19, 36
−-Spielzeugmodell 85
−zellen-Oberfläche 47
−zellen-Technologie 38
Sonnen|auge 102
−scheindauer 96
−einstrahlung 52, 77
−kollektor 39

Spektral|empfindlichkeit 47, 93
−verteilung 17
Sperr|diode 49
−schicht 9
−schwinger 106
−spannung 11
−strom 11
Spitzenleistung 51
Strahlungsmeßgerät 79

T
Temperaturkoeffizient 50
Timer 106
Tunneldiode 105

V
Verstärker 116

W
Wirkungsgrad 12, 62, 81, 90
Wolframlampe 12